JN199784

応用細胞資源利用学
第2巻

― 食材の細胞科学・産業的応用 ―

日本応用細胞生物学会　編

稲森悠平・猪岡尚志・坂井拓夫　監修

大学教育出版

出版に際して

『応用細胞資源利用学 第1巻』を出してから早や3年たった．この間，この耳新しい科学が，多少とも社会的に浸透してきた．あらためて，「応用細胞資源利用学」とはどのような科学かを論説する．

「応用細胞資源利用学」は，資源を細胞として利用，応用することを研究する科学であり，日本応用細胞生物学会ではその発展を主旨としている．

すでに細胞化している単細胞生物（微生物，藻類など）は，直ちに，いかに利用，応用するかの課題に取り組むことができる．一方，多細胞で構成されている資源は，その研究の第一歩は，資源をいかにして単細胞生物と同様の機能（主に増殖能）をもたせて細胞化するかという課題から始まる．科学の進展は，このような細胞，その科学が，化学，食品，医薬，電気，機械，エネルギー，環境，福祉，情報などあらゆる分野に貢献できることを示唆している．ただ，現実的には，細胞の利用，細胞産業化への壁は厚く，現在，その理解は微生物を素材とした健康食品，再生医療関連等に限局している．

日本応用細胞生物学会では，応用細胞に関するシンポジウムを開催し，また，「応用細胞資源利用学」の出版を通して，多分野での細胞利用，応用への道作りを模索している．

『応用細胞資源利用学 第1巻』『応用細胞資源利用学 第2巻 — 食材の細胞科学・産業的応用 —』の出版は，食品分野での細胞利用，細胞産業化に関する研究を紹介した．これらの書物で，若き科学者，研究者が，食材の細胞科学の分野に関心を持ち，食の新しい産業分野（仮称：食品（資源）細胞産業）へと進展させてくれることを望むところである．

本書は，本書出版の主旨にご賛同頂いた方（シンポジウム講演者の方など）から，ご執筆頂き，出版した．原稿をお寄せ頂きました執筆者の方々へ御礼申し上げる．

　出版に際しては，前号，『応用細胞資源利用学　第 1 巻』と同様に，大学教育出版 佐藤守社長に大変お世話になった．深く感謝申し上げる．

　平成 27 年 9 月 30 日

日本応用細胞生物学会

会長　猪岡尚志

応用細胞資源利用学 第 2 巻
—— 食材の細胞科学・産業的応用 ——

目　次

第6章　マスト細胞の科学と食品科学への応用

第7章　有毒アオコ産成ミクロキスチンの灌漑水域における　水生動植物および農作物に及ぼす影響評価と保全対策

第1章
◆

食肉の軟化と有効利用
—— 高圧食品加工技術をもちいて ——

1. はじめに

食品は，植物性，動物性を問わず，収穫によって個としての生命を絶たれると直ちに細胞レベルでの変質が始まり，時間の経過とともに変敗から腐敗に至る．この変敗から腐敗に至る過程は，主に食品組織に内在する酵素群と外部から付着する微生物によって引き起こされる．食品加工の第一の目的は，食品に内在する酵素の働きを抑え，微生物を殺すことにより，食品の腐敗を防ぐことにある．第二の目的は，味および栄養価の向上，消化性やその他の付加価値の向上にある．食品加工法としては，塩漬け，乾燥，凍結，燻煙，加熱加工，放射線照射など様々あるが，加熱による加工が最も一般的であり，古くから利用されてきた．最近，加熱加工による栄養分の損失，異臭の発生，異常物質の生成，エネルギーの大量消費などが問題となり，加熱加工（thermal processing）に代わるものとして，非加熱加工（non-thermal processing）が注目されるようになってきた．非加熱加工法としては，放射線や紫外線照射，超音波，振動磁界などいくつか提案されてきているが，なかでも高圧（高静水圧：high hydrostatic pressure）加工技術が代表的な非加熱加工法として，広く食品への応用が進められてきている[1]．

食肉に目を転じてみると，承知の通り，私達が食べている肉（食肉）は，もとは牛や豚などの家畜の筋肉である．家畜が生きている時の筋肉は，収縮・弛緩を行って家畜の運動や姿勢の維持に大きな働きをしているが，家畜の死後（と畜後），筋肉は死後硬直，解硬，熟成など様々な化学的・物理的変化の過程を経て初めて食肉として利用可能となる．したがって，食肉の軟化と有効利用，ならびに食肉加工への高圧力の応用を考えるためには，生体組織である筋

肉の成分や構造を理解することに加え，高圧処理の一般的な特徴を知ることが必要になる．そこで本章では，筋肉の構造や高圧力の特徴などを述べたあと，筋肉および食肉に及ぼす高圧力の影響について解説する．

2. 筋肉の構造と食肉の硬さ

(1) 筋肉とは

　家畜や家禽の筋肉は，食肉や食肉加工製品の原料として利用されている．筋肉には，骨格に付着して身体の支持や運動を司る骨格筋，消化管や血管などを構成する平滑筋，心臓を構成する心筋がある．それぞれの筋肉は，骨格筋細胞，平滑筋細胞ならびに心筋細胞が集合したものであり，筋肉内結合組織に支持・束ねられて組織としての特徴的な構造と機能を持つ．私たちが一般に「食肉」と呼んでいるのは，牛，豚，鶏などの家畜の骨格筋である．（したがって，これ以降，特に指示しない場合は，筋肉＝骨格筋と考えてほしい）．しかしながら，心筋（心臓）や平滑筋（消化管を含む内臓）も，焼肉でのハツ（心臓），ガツ（胃），ヒモ（小腸），コブクロ（子宮）などとして広く利用されており，また，ソーセージの皮（ケーシング）は，家畜消化管（主として小腸）の平滑筋等を除去した結合組織部分（粘膜下組織）である．

(2) 骨格筋の構造

　骨格筋は，直接あるいは間接的に腱を介して骨に付着し，運動や力を生じる筋肉である．動物の身体には 600 以上の筋肉が存在し，その形や大きさならびに作用は様々である．個々の骨格筋は，骨格筋細胞によって構成され，それぞれ分厚い結合組織の膜で覆われている．神経組織や血管は結合組織のネットワーク構造に沿って存在している．

　骨格筋細胞は全筋肉量の 75 〜 90％を占め，運動や力の発生を司るといった特徴的な機能に対応した高度に特殊化した線維状の構造を有するため，筋線維と呼ばれる．各々の筋線維は筋内膜と呼ばれる結合組織の鞘に覆われ，50 〜 150 本の筋線維が集まって第一次筋線維束を形成し，さらに第一次筋線維束が

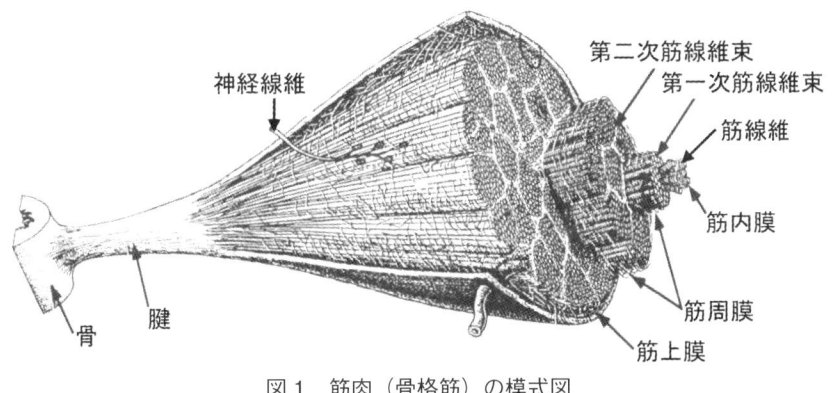

図1　筋肉（骨格筋）の模式図
文献 2) を改変して引用

多数集合して第二次筋線維束が形成される．筋周膜は，これらの筋線維束を取り囲んで包むことで筋線維の束を保持する膜である．筋上膜は，筋肉全体を包む厚い膜として存在する（図1）[2]．骨格筋組織には，筋線維以外の構成物として結合組織，血管，神経線維ならびに脂肪組織が存在するが，後者の3つは結合組織である筋内膜，筋周膜，筋上膜中に存在する．

(3) 筋線維（骨格筋細胞）の構造

　哺乳類や鳥類の骨格筋線維は，長くかつ全長にわたって枝分かれせず，糸状の1つの巨大細胞である．筋線維のサイズは，同じ家畜種や同じ筋肉種においてさえ，直径 20 〜 150 μm，長さ数 mm 〜十数 cm と大きく変動する．また，一般に，1本の筋線維が1つの筋肉の全長にわたって存在するわけではなく，細くなった筋線維の先端で隣り合う筋線維と結合組織を介して連続的にend-to-end で縦方向に連結し，筋線維で発生した張力が筋肉全体として伝搬されると考えられている[3]．

　個々の筋線維は形質膜とその外側に密着して基底膜が存在し，両者を合わせて筋鞘と呼ぶ．筋鞘の外側は筋内膜が密着する（図2）[2]．筋線維内部の筋形質は，細胞内収縮装置である筋原線維が体積の 75 〜 85％を占め，核，細胞液である筋漿，ミトコンドリア，筋小胞体，ゴルジ装置，リソソームなどの細胞小

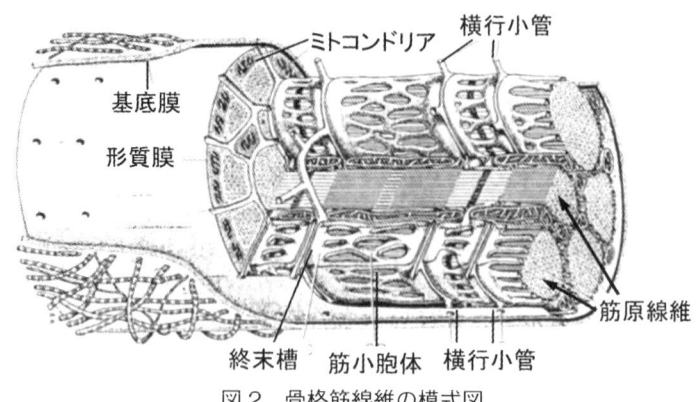

図2　骨格筋線維の模式図
文献 2) を改変して引用

器官が筋原線維の間に分布する．筋線維は多核細胞であるが，細胞あたりの核
の数は一定ではない．

　筋原線維は筋線維の長軸と平行に筋線維全長にわたって走行しており，1 本
の筋線維は 1,000 ～ 2,000 本の筋原線維から構成されている．筋原線維は直径
1 ～ 3 μm の円柱状ないしは多角柱状で，周囲を筋小胞体やミトコンドリアな
どの膜オルガネラによって取り囲まれている．個々の筋原線維は，筋節と呼ば
れる基本単位が一列に並んでいるので，特徴のある横紋構造を呈する．筋肉の
収縮装置として働くのが，筋節を構築しているタンパク質群で，線維状タンパ
ク質であるミオシンが束ねられて太いフィラメント（ミオシンフィラメント）
を，球状タンパク質であるアクチンが主として数珠状に連なって細いフィラメ

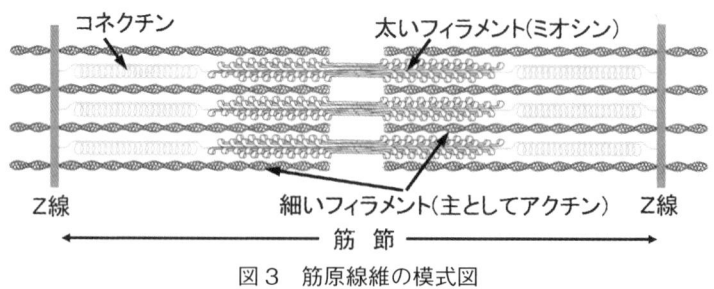

図3　筋原線維の模式図
文献 4) を改変して引用

ント（アクチンフィラメント）を構築し，さらに，バネ状の巨大タンパク質コネクチン（タイチン）や種々のタンパク質・リン脂質複合物である Z 線がミオシン，アクチン両フィラメントを安定化している（図3）[4].

(4) 筋肉内結合組織の構造

骨格筋において筋線維を支持しているのが筋肉内結合組織である（図1）[2]. 筋鞘で覆われた筋線維の外側は，膜状の結合組織である筋内膜によって囲まれている．筋線維の束（第1次および第2次筋線維束）は筋周膜（内筋周膜および外筋周膜）で囲まれている．さらに，骨格筋の最外層は筋上膜で覆われており，隣り合う筋肉間の隔壁となって丈夫な筋膜を形成している．これらの筋肉内結合組織は筋線維ならびに筋線維束を支持するとともに，血管や神経組織の通り道となっており，これらの組織を支持する役割も果たしている．筋肉内結合組織は骨格筋端で集合し，筋腱接合部を経て連続的に腱につながり，筋肉で発生した張力を伝搬する役割を担っている．

筋肉内結合組織は，コラーゲン，エラスチン，プロテオグリカンおよび糖タンパク質などの細胞外マトリックスからなっている．筋内膜（図4, A, C），筋周膜（図4, A, B）および筋上膜は，それぞれの機能に応じてコラーゲン細線維の立体的構築状況が異なっている．筋肉内結合組織の性状は，家畜種や筋肉部位，年齢などによって異なり，筋線維束を形成する筋線維の数や太さとともに，食肉のテクスチャーに大きく影響する．

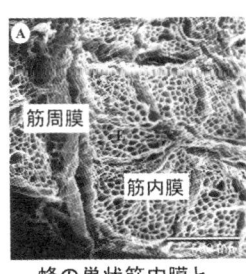
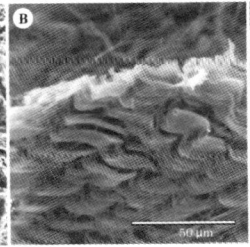
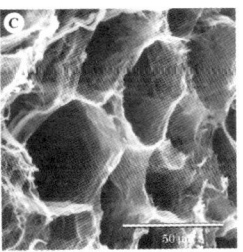

| 蜂の巣状筋内膜とそれを囲む筋周膜 | 筋周膜 | 筋内膜 |

図 4　筋肉内結合組織の構造

(5) 食肉の硬さ

　前述のように，筋原線維は筋肉の収縮装置そのもので，また結合組織は筋線維を取り囲んで包むことで筋肉がばらけないように支持する組織である．したがって，これらの筋原線維タンパク質と結合組織タンパク質が食肉のテクスチャー（特に硬さ）を決定する因子であり，筋原線維に起因する硬さをアクトミオシンタフネス（actomysosin toughenss），結合組織に起因する硬さをバックグランドタフネス（background toughenss）と呼ぶ．

　食肉の硬さは様々な要因によって変化する．例えば，牛肉は硬く，鶏肉は軟らかいなど，家畜種によって硬さは異なる．また，同じ家畜種でも性別，年齢，餌や運動などの飼育方法などによっても食肉の硬さが異なってくる．さらに，食肉部位によっても硬さは異なり，ヒレ肉やロース肉は軟らかく，外モモ肉やスネ肉が硬いことは皆様もご存知であろう．これらにはアクトミオシンタフネスとバックグランドタフネスの両方が，程度の差はあるにせよ関わっており，筋線維が太く多い筋肉や結合組織が多いまたはコラーゲンの構造安定性が高い筋肉ほど，食肉が硬くなる傾向がある．また，脂肪交雑（サシの入り方）が多いほど軟らかく，肉がとろけたような感じを知覚するであろう．

　また，年をとった家畜の食肉（産卵性能が落ちてから食肉に回される産卵廃鶏とか，乳量が落ちたので食肉に回される乳廃牛などの肉）や，放牧されて牧草などで飼育されたグラスフェッド牛（輸入牛肉に多い）はとても硬くなるし，さらには，ロース肉やヒレ肉に比べて外モモ肉は硬いので，そのような硬い肉は日本の消費者にあまり好まれないために利用価値は低く，したがって価格も低く，利用されないで廃棄されることもある．このような硬い食肉を軟らかくするために，昔から様々な調理法，加工法が考えられてきた．調理前の食肉のスジ（筋上膜）切りや肉叩きなどの物理的処理，果物の果汁や味噌などに予め肉を漬けて肉を軟らかくする方法などは，一般にもよく用いられている．後者の方法は，果物に含まれるまたは微生物が生産する様々なタンパク質分解酵素（プロテアーゼ）の利用であるが，軟化程度を制御することや選択的軟化が非常に難しく，したがって，うまくいかないと食肉がバラバラになってしまったりしてしまう．この他，化学的処理として食塩，ベーキングパウダー（重曹）

やリン酸塩を用いて食肉タンパク質の溶解性を高める方法や筋肉内在性プロテアーゼであるカルパインの活性化に関与するカルシウム溶液の利用などもある.

　高圧処理も食肉軟化法の一つである. 高圧処理の食品への応用は, 1987 年に日本で提唱された[5] という歴史の浅い（最近の）技術である.

　一方, 死後の経過時間に伴っても食肉の硬さは変化する. と畜直後の食肉は軟らかいが, 死後数〜十数時間経つと死後硬直に入って肉質は硬く, 保水性も低下する. 死後硬直を経た食肉をさらに低温で一定期間貯蔵すると肉質は軟らかくなり, 加えて味や香りに寄与する成分が生成されるので, 食肉としてのおいしさが増す. 筋原線維由来の硬さに関して言えば, 筋原線維のアクチンフィラメントとミオシンフィラメントが強く結合することで筋線維が収縮すると, 食肉は硬くなる. 生きている時の筋肉ではアクチンフィラメントとミオシンフィラメントの結合はすぐに解除されるので, 筋肉は弛緩状態で軟らかい状態にある.

　しかし, と畜後数時間で筋肉中の ATP が消費されてしまうと, アクチンフィラメントとミオシンフィラメントは強く結合したまま解離することはできず（硬直結合）, 強く収縮する（死後硬直）. その後さらに時間が経過すると, ゆっくりと硬直が解けてきて（解硬）軟らかくなる. このままではまだ風味に乏しいので, その後 1℃ 前後で数日から数週間, 熟成する. 私達が食べている肉は, この熟成した食肉である. 解硬ならびに熟成にはタンパク質分解酵素群による筋原線維タンパク質構造の破壊によるところが大きい. 牛肉ではおおむね 1 〜 2 週間程度かかるこの熟成期間を, 高圧処理技術で短縮することが可能である

3.　高圧処理の一般的な特徴と食品への応用性

　食品への高圧処理とは, 食品に対して 1,000 気圧（100 MPa）以上の圧力を水などの液体の中で圧力をかけること（静水圧）をいう. 食品や食材は, もとは生体成分であるので, 普遍的に水が存在する. 例えば, 700 MPa という高

圧はとてつもない圧力かと思われるかもしれないが，700 MPa での水の圧縮
による体積減少はたかが 16% 程度であるので，水の中に存在する食品や食品
成分も同程度の圧縮ですむ．タンパク質溶液を加圧すると，まず水分子の分子
間距離の減少とタンパク質自身の体積減少が起こる．さらに高圧になると，水
分子は自由水として存在するよりもアミノ酸側鎖の周囲に配位したほうが体積
が小さくなるので，タンパク質はアミノ酸側鎖を分子内部から外側の水中に露
出して多くの水分子と接触しようとする．そうすると，タンパク質の高次構造
を保持していた非共有結合（イオン結合，水素結合，疎水性結合）が水との相
互作用のもとに破壊もしくは生成され，タンパク質の高次構造が変化，さらに
は変性してしまう[6]．難しい話だが，例えて言うと，体積が広い＝空いた電車
でゆったりと新聞を広げていた乗客が，圧力がかかって体積が減少した＝満員
電車になるとその乗客の形態が変わってしまう，というようなことである（そ
の乗客が変性してしまうかどうかはわからないが…）．

　基本原理は上述のようであるが，その結果として，高圧処理では以下のよう
な特徴が得られる[7-9]．

1）省エネ

　加熱に比べて高圧力のエネルギーはとても低く，同等効果を期待した場合で
は加熱の 1/10 以下のエネルギー消費と考えられている．しかも圧力保持中に
はエネルギーはかからない．

2）均一性

　瞬時に圧力が伝播するため，タンク内の位置による圧力の偏りが少なく，ほ
ぼ均一に高圧力が作用する．したがって，食品素材や微生物に対する質的変化
が可能であり，調理むらがおこらない．以上 2 つの特徴は，あらゆる食品の
加工や調理に大きな利点となる．

3) 微生物制御

　微生物構成成分が高圧で変化・変性を受けることや細胞膜の損傷などにより，微生物の生育抑制および殺菌が可能となる．したがって，食品の保存性の向上（シェルフライフの延長），発酵停止や過発酵の抑制などに利用できる．また，微生物の圧力耐性を利用した微生物フローラの選択的形成や薬剤を使用しない酵母エキスの抽出などにも応用できる．

4) 加熱による化学反応を伴わない

　圧力のエネルギーはとても低いため，加熱と違って共有結合などの安定な化学結合を切ったり繋いだりすることはできない．したがって，化学反応物による変色・異臭・異常物質の生成がないことや，ビタミンなどの栄養素が破壊されず，素材を生かした食品加工に利用できる．

5) 細胞膜や細胞壁に対する物理的破壊

　圧力は水を介して瞬時に伝わり，また，物理的に水を押し込む作用と考えられ，細胞膜や細胞壁などの食品素材の構造物に対する物理的破壊を引き起こすことができる．この作用を利用して，穀物への溶液浸透促進や穀物からのアレルゲンタンパク質の抽出除去などが実用化されている．また，膜破壊で流出した酵素による反応促進が考えられるので，食品や食品素材の機能性成分の富化や物性改良などが期待できる．

6) タンパク質やデンプンなどの構造変化・変性

　食品素材を構成する生体成分（特に生体高分子といわれるタンパク質，多糖，脂質ならびに核酸など）は水などの溶媒とともに非共有結合を使って立体的な全体構造を作っている．このような生体高分子に圧力を加えると，系全体の体積を減らす方向に変化が起きるため，その立体構造が変化して変性する．この原理は，あらゆる食品の物性や機能性に直結し，デンプンの糊化・老化，食品の保水性・結着性・ゲル強度といった食感や物性の改良，さらには食品の色や消化性の改善などに応用できる．一方，まだ研究段階だが，アレルゲンタ

ンパク質の圧力による立体構造変化に伴うアレルギーの低減を図ろうとした研究もある.

7) 選択的な酵素制御

生物や食品素材の成分反応に欠かせない酵素は，タンパク質の一種である.したがって，酵素の種類（構造安定性）が異なると，立体構造変化を引き起こす圧力に違いが出るので，酵素によって圧力に応じた酵素活性が変化する.これにより，食品や食品素材の改良や機能性の富化などへの応用が期待される.

8) 水と氷の平衡点の変化

水は0℃で凍り，100℃で沸騰するというのは大気圧での話で，圧力を変えていくと水の沸点も凝固点も移動する.例えば，大気圧で − 20℃の氷は約200 MPaの圧力をかけると水になる（高圧解凍）.また逆に，高圧下で水を冷却しながらマイナス温度で急に圧力を解放すると瞬時に氷になる（pressure-shift freezing, 圧力移動凍結）.これらの技術を応用すれば，解凍ドリップの低減，氷結晶の制御，組織の改変，物性改良などが可能になる.

以上のように，食品加工への高圧処理の利用には多くの可能性が秘められているが，まだ新しい技術であり，この概念は現在のどの加工技術とまったく異なる.それゆえ，まだ確立された技術とはなっていないが，加熱を伴わない非熱的な食品加工法の1つとして（特に非加熱殺菌として）注目されている.最近では欧米諸国で多くの高圧加工食品が市販され始め，最新の食品製造・加工技術へと展開しつつある.

4. 高圧力による筋肉タンパク質の構造変化と食肉の軟化

(1) 高圧処理による食肉の熟成促進と軟化

　通常の，食肉の熟成に伴う軟化は，①Z線の脆弱化，②アクチンフィラメントとミオシンフィラメントの解離，③ミオシンフィラメントとZ線をつなぎ止めているコネクチンの分解といった筋原線維構造の脆弱化に加え，④筋肉内結合組織の脆弱化に起因している．一方，圧力はタンパク質の構造を変化させ，さらに高い圧力で処理すると，タンパク質は変性する．高圧力による筋肉タンパク質の構造変化とそれに伴う軟化機構（食肉の熟成の促進）については，鈴木と池内らのグループなどにより解明され，詳しい総説[10-13]もあるので，ここでは簡単に述べる．

　高圧処理による食肉の軟化機構は，厳密には通常の熟成軟化機構とは異なるが，基本的には熟成中の変化と同様な変化，すなわちZ線の脆弱化，アクチンフィラメントとミオシンフィラメントの解離，コネクチンの分解などの筋原線維構造の脆弱化，ならびに結合組織の脆弱化が認められる．図5に，高圧処理に伴う筋原線維微細構造の透過型電子顕微鏡を示した[14]が，おおよそ150 ～ 200 MPa以上の圧力で太いフィラメントや細いフィラメント構造が脆弱化し，秩序正しい筋原線維構造が崩壊していくことがわかるであろう．この中で，高圧力によるアクチンフィラメントとミオシンフィラメントの解離

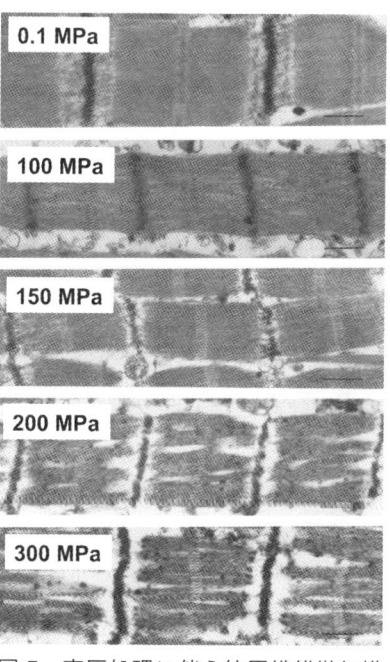

図5　高圧処理に伴う筋原繊維微細構造の変化

文献14）を改変して引用．バーは0.5 μmを示す．

機構は，通常の熟成機構とは大きく異なり，重合してフィラメントを形成しているアクチン（F-アクチン）が，高圧力でアクチン分子の立体構造が変わり，アクチンモノマー（G-アクチン）へと脱重合し，アクチンフィラメントが崩壊することによる[13, 15]。

また，カルパイン，カテプシン，プロテアソームといった筋肉内在性タンパク質分解酵素は高圧処理で失活することはなく，むしろ適切な圧力条件下では酵素活性が上昇すると共に，基質となる筋肉タンパク質が高圧処理で変性するので，筋原線維タンパク質の分解が促進される[16-19]。さらには，細胞小器官であるリソソームや筋小胞体の膜組織が 100 ～ 150 MPa 以上の高圧力で脆弱化・破壊される。その結果，リソソーム内に格納されていた各種分解酵素，特に酸性プロテアーゼであるカテプシンがリソソームから細胞質内さらには細胞質外へと移動する。また，筋小胞体膜の破壊によって筋小胞体内に蓄えられていたカルシムイオンが漏出して細胞質内のカルシウムイオン濃度が上昇し，カルパイン（カルシウムイオンで活性化されるプロテアーゼ）が活性化される[11]。

以上のように，高圧処理によって筋肉構成タンパク質の構造変化，膜構造の破壊，筋肉内在酵素の活性化などが複雑に絡まり合って筋原線維が断片化しやすくなり，筋線維も破断しやすくなる（すなわち，食肉は軟らかくなる）。

(2) 高圧処理による筋肉内結合組織の脆弱化

筋肉内結合組織は，食肉の熟成中では非常にゆっくりと脆弱化する[20]のであるが，高圧では 5 ～ 10 分間の処理で脆弱化する[21]。結合組織は，主としてコラーゲン線維や弾性線維などで作り上げられている非常に強固な組織で，筋肉中では筋内膜（1 本の筋線維を取り囲む薄い膜），筋周膜（筋線維の束を束ねるやや厚い膜），そして筋上膜（筋肉全体を覆う非常に厚い膜）を構築する。コラーゲン線維は加齢とともに強靭になるので，特に年をとった家畜の肉が硬い原因となる。また，スネ肉やモモ肉が硬いのも，スジ（＝結合組織）が多いためである。結合組織のタンパク質は物理的にも化学的にも安定な構造体を作り上げていて，また，コラーゲン線維は加熱すると急激に収縮してさらに硬く

なってしまうので，スジが多くて硬い肉を軟らかくするには，刃物でスジ切り
をするか，有機酸や強力な酵素液で長時間漬け込んだ後に調理するか，または
圧力鍋のような調理器具で100℃以上に沸点を上げて煮込むくらいしか方法が
なく，したがって，コストに見合った簡便な加工技術の発展が望まれている．

　硬い牛肉に高圧処理を施すと，300 ～ 400 MPa, 5 ～ 10分間（室温）の処
理で牛肉は軟化する．牛肉から結合組織だけを分離して高圧処理をしても同様
の条件で軟化した[21]．また，豚肉でも同様の条件で軟化した．では，高圧処
理に伴う筋肉内結合組織の脆弱化には何が起因しているのだろうか？　前述し
たように，筋肉内結合組織の主要成分はコラーゲンで，コラーゲンはコラーゲ
ン線維を形成して硬さの原因となる．コラーゲンの加熱溶解性を調べると，高
圧処理に伴って確かに熱安定性が低下していた．電気泳動で調べたところ，高
圧処理に伴うコラーゲン分子の分解は認められず，また，筋肉内在性酵素によ
るコラーゲンの分解を示す結果も得られなかった．

　一方，筋内膜や筋周膜のコラーゲン線維網の構造を走査型電子顕微鏡で観察
すると，蜂の巣状をした筋内膜構造にやや脆弱化が認められること，ならびに

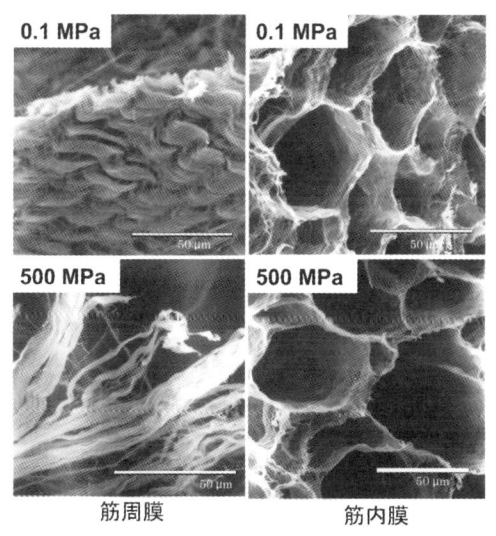

図6　高圧処理に伴う筋肉内結合組織の構造変化
文献21）を改変して引用．バーは 50 μm を示す．

筋周膜のコラーゲン線維シートの崩壊が著しかった（図6）．

　以上の結果に加え，コラーゲン分子構造の解析や様々な生化学分析結果から考えると，高圧処理による筋肉内結合組織の軟化機構は，食肉の熟成による軟化機構とは異なることが推測された．すなわち，高圧処理は，筋肉内コラーゲンの分解やコラーゲン分子の不可逆的構造変化／変性を引き起こすのではなく，コラーゲン会合体を解離する方向に働き，コラーゲン線維のほぐれやコラーゲン線維ネットワーク構造の脆弱化が結合組織の脆弱化・軟化を引き起こすことが示唆された．また，このような結合組織の構造変化には，コラーゲン線維間を接着しているプロテオグリカンのデコリンの構造変化あるいはコラーゲン線維からの脱離が関与することが予想され[21, 22]，現在，高圧下でのデコリン分子の立体構造の変化[23]ならびにデコリン－コラーゲン相互作用の変化を詳細に検討しているところである．

(3) 高圧処理による天然ソーセージケーシングの高品質化

　ソーセージは私たちの生活で非常に人気がある食品であり，ソーセージの皮（ソーセージケーシング）がその食感に影響している．ソーセージケーシングには，羊や豚などの家畜の腸を利用した天然ケーシングと，セルロース，プラスチック，再構成コラーゲンなどを用いた人工ケーシングがあり，天然ケーシングは特有の（ぷりっとした）食感があるので，日本人に非常に好まれ，広く用いられている．しかし，天然ケーシングは天然であるが故に生産地や個体による品質のばらつきが大きいという問題点がある．国内のケーシング加工場では，酵素や有機酸による天然ケーシングの軟化処理を実施しているところもあるが，軟化程度の調節が難しいことや，軟らかい部分まで同様に軟化させてしまってソーセージを詰めるときに破れてしまうといった難点がある．我々は，高圧処理による食肉軟化技術の研究の中で，硬いものほど高圧処理の効果が大きいことを見出し，結合組織からのみ構成される天然ケーシングの品質のばらつきを解消するために高圧処理の適用を試みた[24]．

　天然ケーシングは家畜の小腸の粘膜下組織であり，コラーゲン線維が縦横に走る織物状のシートが数層～十数層重なって形成された厚さ約 0.1 ～ 0.3 mm

の薄い膜である．これに様々
な条件で軟化処理を行い，破
断試験を実施したところ，有機
酸処理は天然ケーシングを20
〜 30％程度軟化したが，硬い
ものも軟らかいものも一様に
軟化してしまうのに対し，200
MPa，10分間の高圧処理の軟化
程度（10 〜 25％）は有機酸ほ
どではなかったが，ケーシング
の硬さのばらつきの縮小効果が
認められた．その品質改善機構

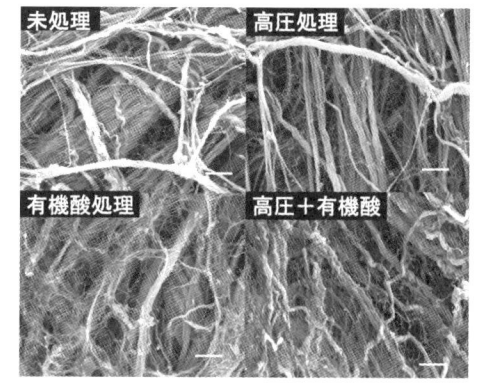

図7　豚腸ケーシングのコラーゲン線維構造
　　　に及ぼす高圧ならびに有機酸の影響
　　　バーは 10 μm を示す．

は，有機酸での軟化機構とは異なり，コラーゲンタンパク質の変性ではなく，コラーゲン会合体（コラーゲン細線維やコラーゲン線維）の解離・脆弱化が起因することが明らかとなった．すなわち，硬いケーシングではコラーゲン線維も太くて密に配向しているので，高圧処理はその太いコラーゲン線維をほぐして細くし，これが品質の改善に繋がるものと推定された（図7）．

5.　重曹・高圧併用処理による食肉の物性改善と高付加価値化

　これまでに述べてきたように，例えば牛肉は，通常10 〜 14日間の低温貯蔵（熟成）で軟化しておいしくなるが，高圧処理ではたった5 〜 10分間処理で大きな軟化を達成できる．しかし食肉は，通常，食べる時に加熱調理されるので，その時に筋線維などが大きく収縮・凝固するため硬くなり，高圧の効果が低下してしまう．高圧処理は加熱肉を有意に軟化させることができるが，その程度は大きくても30％程度で，比較対照品なしで食べても軟らかいと感じてもらうためには，半分以下まで軟らかくすることが必要となる．
　一方，中華料理における食肉の調理法の一つに，ベーキングパウダーを水に溶解したものに食肉を浸漬して軟化効果を与えることも知られている．これ

は，ベーキングパウダーに含まれる重曹が水に溶解してアルカリ性を示すことで，タンパク質の水和が増加することで起こると考えられている．実際，重曹濃度が高くなるにつれて牛肉や豚肉の軟化が促進されるという報告がある[25]が，加熱すると食肉内に空隙ができて組織が荒くなり，食感や風味が悪くなる．そこで，高圧処理と重曹処理の併用によってこれらの欠点を克服し，硬くて利用性の低い食肉を，加熱後も軟らかく組織が緻密で，保水性が高くてしっとりした食肉に改善する技術を開発した．以下に，その開発技術と応用例を紹介する．

(1) 豚外モモ肉の高付加価値化とトンカツへの応用 [26-28]

　半腱様筋や半膜様筋などの硬い筋肉から主として構成される外モモ肉は，また多種の筋肉から構成されるので筋上膜（＝スジ）が多数入り込むため，豚肉部位の中で最も硬い食肉である．したがって利用性は低く，ヒレ肉やロース肉などと比較して安価で販売される．この外モモ肉の高付加価値化を目指し，まず，予備研究として，重曹処理ならびに高圧処理の種々の条件が豚外モモ肉の重量減少率，水分含量，破断特性などの物性に及ぼす影響を検討した．その結果，0.4 M 重曹溶液に 20℃，40 分間浸漬後，300 〜 400 MPa，10 分間の高圧処理が最適条件であった．しかし，食肉加工場での利用を鑑み，重曹浸漬処理に代えて重曹インジェクション（注入）処理を検討したところ，最適な重曹インジェクション量は 20 〜 23% であった．本最適条件，すなわち，0.4 M 重曹・300 MPa 高圧併用処理を施した豚外モモ肉（以下，重曹高圧肉）のボイル加熱後の硬さは未処理肉の約 50% 程度まで軟化した．加えて，重曹高圧肉は，未処理肉に比べて，加熱後も重量の減少が約半分にとどまり，かつ水分含量も 10 〜 20% 高く，重曹・高圧併用処理が食肉の歩留り，保水性，ならびに軟らかさを改善することが示された．また，加熱後の豚外モモ肉の断面を観察したところ，重曹処理，高圧処理とも加熱後の食肉はふっくらとしていたが，重曹処理肉では食肉中に空隙が多く生じていたのに対し，重曹・高圧併用処理ではその空隙が消失して緻密できめ細かな断面となった．さらに，口腔機能の正常な新潟大学農学部学生（男性 20 人，女性 16 人）をパネルとして，未処理肉，

重曹処理肉，高圧処理肉，重曹高圧肉の4種類の試料肉について，順位法にて官能評価を行ったところ，重曹高圧肉は，他の3種類の試料肉に比べ，有意に軟らかく，ジューシーで，残留感が少なく，おいしいと評価された．

　以上のことから，食肉の物性改善に対する重曹処理と高圧処理の併用処理技術の有効性が明らかとなったので，肉重量に対して23％の0.4 M重曹溶液をインジェクションし，300 MPaで10分間高圧処理した豚外モモ肉（重曹高圧肉）からトンカツを調理し，そのテクスチャーなどの物性と官能評価による嗜好性などについて検討した．

　調理特性としては，トンカツ油調時において，未処理肉に比べて重曹高圧肉のほうがの油跳ねや油汚れがほとんどなく，衣の浮きも認められずに肉面と密着していた．これは，重曹高圧肉の保水性が高いため，180℃の油で揚げても水分や肉汁の漏出が少なくなることが原因である．

　人間がトンカツを最初に前歯で噛み切ることを想定し，30 × 1 mm くさび形のプランジャーを用い，1 cmの厚さのトンカツの破断応力を測定したところ，未処理肉に比べて重曹高圧肉から調理したトンカツの方がさくっと切れ，未処理肉から調理したトンカツの破断応力値が約 $3.9 × 10^6$ N/m^2 に対し，重

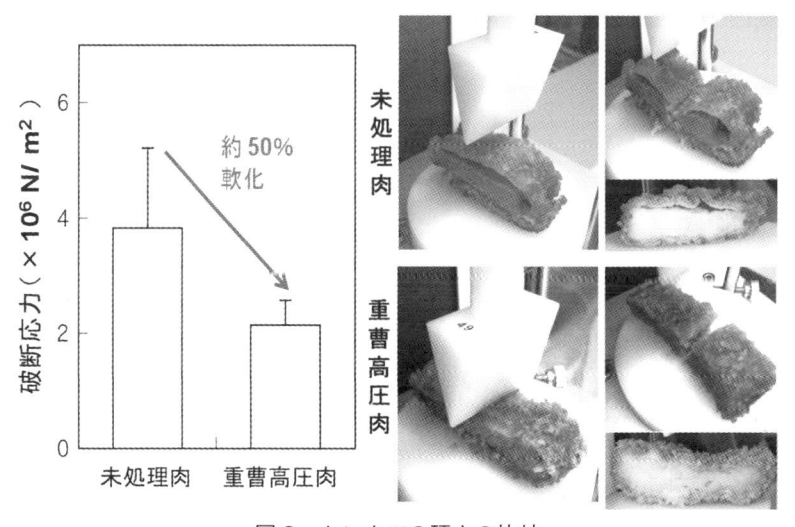

図8　トンカツの硬さの比較

曹高圧肉から調理したトンカツでは約 2.0 × 10^6 N/m^2 となり，重曹・高圧併用処理技術を用いることで約 50%の軟化効果が得られた（図8）．

　トンカツを揚げた時の水分損失は，未処理肉で約 14%，重曹高圧肉で約 7%であり，トンカツの水分含量も，未処理肉 58%に対して重曹高圧肉で約 68%であった．また，未処理肉，重曹高圧肉をそれぞれ同じ大きさに成形してトンカツにした後の表面積を測定したところ，重曹高圧肉の表面積の収縮も未処理肉の約半分にとどまり，加えて，重曹高圧肉から調理した時のトンカツの重量減少率も大きく抑制された．

　したがって，重曹・高圧併用処理を用いると，硬くて利用性の低い豚外モモ肉でも，ヒレカツのようにきめが細かくて軟らかく，ロースカツのようにジューシーなトンカツになることが示された．新潟大学農学部学生による官能評価からも，また一般市民による官能評価からも，重曹高圧肉は同様の高い評価を受けるとともに，重曹高圧肉には重曹臭がまったく無く，かつ肉本来の味や風味があると評価された（図9）．また，重曹高圧肉は，衣をつけて冷凍してからトンカツにしても軟化効果は変わらず，トンカツにした後，冷めても軟

・試料　　　0.4 M 重曹 23%インジェクション処理／ 300 MPa 処理トンカツ
・パネル　　健康な成人男性 80 名　女性 27 名　計 107 名（年齢 20 代〜 60 代）
・評価方法　二点識別法

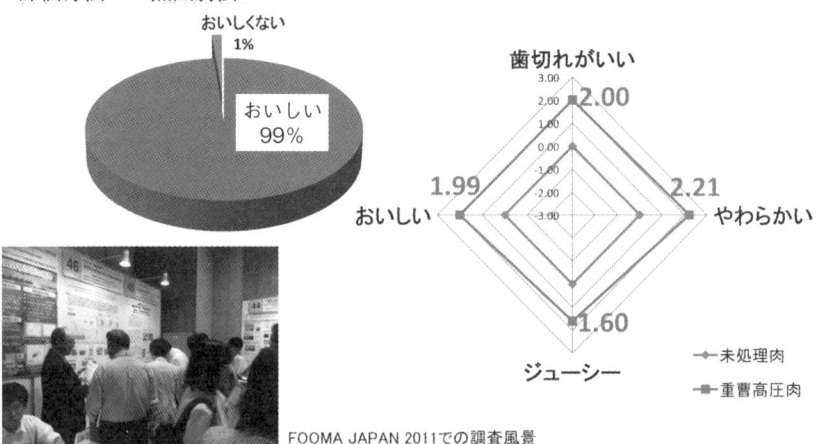

FOOMA JAPAN 2011での調査風景
（2011.6.7〜6.10，東京ビッグサイト）

図9　トンカツの官能評価

らかく，おいしいと評価された．さらに，咀嚼時の筋電位測定結果から，未処理肉に比べて重曹高圧肉の嚥下までの咀嚼回数および咀嚼時間が約 30 ％低下すると共に，1 回目咀嚼時の咬筋の筋活動量ならびに嚥下までの総筋活動量の約 40 ％の低下が認められ，咀嚼・嚥下しやすい食肉となることが示された．

　豚外モモ肉に重曹・高圧併用処理を行うと，これらの物性改善に加えて，付加的に呈味性や機能性も上昇した[29]．すなわち，重曹高圧肉では総遊離アミノ酸が増え，加えて食肉の機能性ジペプチドであるアンセリンやカルノシン含量も上昇した．ラットへの給餌試験でも，重曹高圧肉の消化性は高く，これらの遊離アミノ酸もしっかりと吸収されて血中に移行したという結果が出た．

　以上のことから，重曹・高圧併用処理技術を用いた豚肉および豚肉加工品は，咀嚼力が低下した高齢者でも咀嚼しやすく，また脂肪が少なくて健康機能性もあるヘルシーな食品であることが示された．

(2)　輸入牛肉の高品質化とレトルトビーフカレーへの応用 [30, 31]

　牛肉の日本国内の消費は国産牛と輸入牛を中心に大別され，肉質，価格，ニーズそれぞれに差異が見られる．牛肉の輸入量が年々増加してきているが，日本人は赤身が多くて硬い牛肉よりもサシの入った軟らかい牛肉を好む傾向にある．しかし，輸入牛肉，例えばオージービーフは耐暑性，耐病性が高く，粗飼料と放牧により早期肥育され，安価で流通しているが，サシはほとんど入らずに硬く，特に外モモ肉は極めて硬いという欠点がある．

　重曹・高圧併用処理技術が豚肉の物性改善に大きな効果を与えられることが明らかとなったことから，利用価値の低い輸入牛肉に対しても物性改善効果があるかどうかを確認するため，豪州産グラスフェド牛外モモ肉に重曹・高圧併用処理を施し，テクスチャーなどの物性ならびに官能特性について検討した．

　その結果，輸入牛肉でも，豚外モモ肉に対する効果と同様に，重曹・高圧併用処理により，水分含量の増加，重量減少の抑制と 50 ％以上の高い軟化効果が得られた．特に最も効果が認められた条件は，0.4 M 重曹処理後，300 〜 400 MPa で 10 分間の高圧処理であった．また，輸入牛肉は国産牛肉に比べて肉の色調がとても暗いことが欠点となっているが，重曹処理のみでは色調がさ

らに暗くなった一方で，重曹・高圧併用処理によって輸入牛肉の色調が改善され，特に 300 MPa の高圧処理では輸入牛肉でも国産牛と同程度の色調にまで改善された．したがって，重曹・高圧併用処理技術は，硬くて利用性の低い牛肉に対しても品質改善効果が期待でき，牛肉の消費拡大とコスト効果の向上に結びつくと思われる．

　レトルト処理は，長期室温保存のために徹底的殺菌を主目的にしているので，過熱（通常は 120 〜 140℃，5 〜 30 分間の加熱）処理による食品や食品成分へのダメージが大きい．レトルトビーフにおいても，過熱によって肉塊がばらばらになり，残った肉塊も筋線維が強収縮して通常よりも硬くなってしまう．この過酷なレトルト処理後においても重曹高圧肉がその特長を維持できるかを検討するため，極めて硬い輸入牛肉を用いたレトルトビーフカレーへの応用を試みた．

　ビーフカレー調製後にレトルト処理することを想定し，各種条件を予備検討した結果，0.4 M 重曹・300 MPa 高圧処理が最適条件であった．そこで，豪州産グラスフェド牛外モモ肉を用い，未処理肉（Co），0.4 M 重曹処理肉（Ct），300 MPa 高圧処理肉（Po），0.4 M 重曹・300 MPa 高圧併用処理肉（Pt）の 4 種の試料肉のレトルト処理後の物性等を検討した．その結果，レトルト処理後の 4 種の試料肉の破断応力（硬さ）と重量減少率（歩留り）との間には相関関係が認められ，未処理肉（Co）に比べて各処理肉はレトルト処理後も良い物性値を示したが，特に重曹高圧肉（Pt）は，レトルト処理を行った後でも充分軟らかく，レトルト処理に伴う加熱損失も極めて低かった．官能評価においても，重曹高圧肉から調製したレトルトビーフは軟らかくジューシーであり，口の中に肉の残渣が残らず（残留感がなく）飲み込みやすいと評価された．また，咀嚼から嚥下までの筋電位測定からも，重曹高圧肉から調製されたレトルトビーフは，軟らかくてしかも口中でのまとまりが良く，咀嚼・嚥下しやすい牛肉であることが示された（図 10）．

　以上のことから，レトルト処理の前処理として重曹・高圧併用処理技術を用いると，レトルト牛肉の軟化や保水性の向上が達成され，その結果として食感の向上に繋がることが期待される．

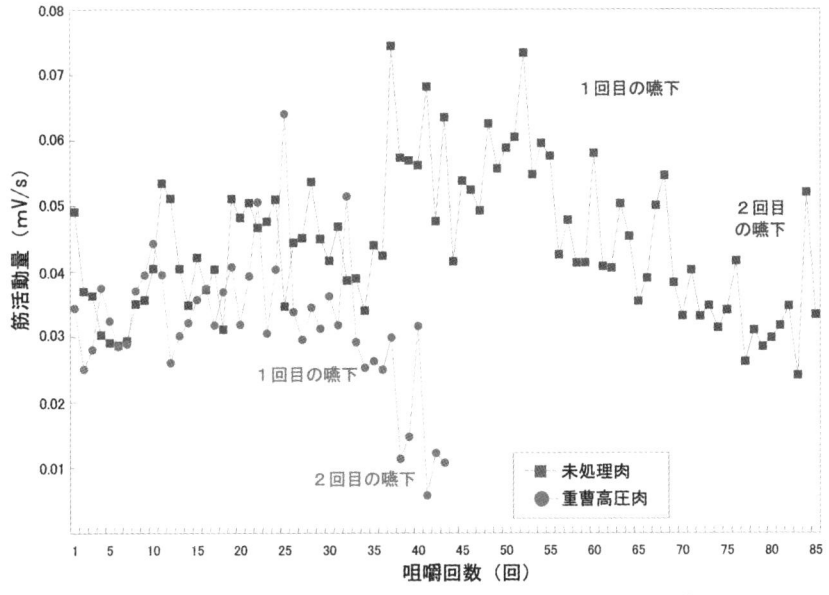

図10　レトルト牛肉の咀嚼・嚥下までの筋活動量の変化

(3) 重曹・高圧併用処理による鶏肉の品質改善 [32)]

　親鶏（産卵を終えた鶏や種鶏などの老鶏：廃鶏とも言う）は極めて硬いので，軟化へのニーズが高く，一方，ブロイラー（若鳥）の胸肉は保水性向上に対するニーズが高い．近年の健康志向のため，鶏肉の消費量は増加傾向にある．胸肉は高タンパク質で軟らかく，ヘルシーな肉であるが，加熱するとパサパサとした食感になり飲み込みづらくなるという欠点を持つ．この食感のため，日本ではよりジューシーなモモ肉の方が好まれ，需要の少ない胸肉の価格が低下して，モモ肉と胸肉の価格差が大きくなっている．胸肉の食感を改善できれば，日本人に好まれる胸肉となり，胸肉の消費拡大に繋がることが期待される．そこで，豚肉や牛肉と同様に，重曹・高圧併用処理が鶏肉の物性改善に及ぼす影響を検討した．

　重曹処理，高圧処理とも，加熱したブロイラー胸肉の保水性に関与する水分含量と重量減少率に対して改善効果を示し，0.3 ～ 0.4 M 重曹処理後，200 MPa 高圧処理したブロイラー胸肉で最も水分含量が高く，重量減少率が大き

く低下した．硬さに対しても両処理の効果が認められ，特に 0.3 M 重曹・200 MPa 高圧処理での破断応力が最も低くなった．また，官能評価からも，重曹高圧肉は未処理肉に比べ，軟らかくてジューシーで，咀嚼後の肉の残留感が少ないと評価された．したがって，ブロイラー胸肉に重曹・高圧併用処理をすることにより，水分含量が増加し重量減少率が低下して保水性の向上が得られ，胸肉のパサパサした食感を改善することが可能である．

　一方，親鳥の品質改善（軟化，保水性の向上など）に対しては，0.4 M 重曹・400 MPa 高圧処理が最も効果を示した．重曹・高圧併用処理を施すと，未処理に比べて約半分まで軟化した．官能評価でも重曹・高圧併用処理試料は，明らかに軟らかくジューシーで残留感が少なく，おいしいと評価され，さらには，親鳥特有の臭み消しの効果も示唆された．

　親鳥などの極めて硬い食肉は，より軟らかく安価なブロイラー肉が鶏肉の主流となってから，ペットフードやスープの出汁などに利用されることが多く，また，缶詰やレトルト食品にも一部が利用されているのが現状である．そこで，親鳥胸肉のレトルト食品への応用を考え，重曹・高圧併用処理鶏胸肉のレトルト処理後の物性や嗜好性の変化を調査したところ，レトルト処理によって食肉の保水性はやや悪くなるものの，重曹・高圧処理をしていないレトルト鶏肉よりも重曹・高圧併用処理鶏肉の保水性や軟化程度は有意に高かった．また，重曹・高圧併用処理によって咀嚼性も向上した．

6．おわりに

　高圧食品加工技術は，様々な食品加工技術の中ではまだほんの駆け出しではあるが，非加熱で瞬時・均一的に食品にその効果を伝えることができるので，多くの可能性を秘めている加工技術だといえよう．高圧処理はタンパク質の構造変化を引き起こし，それがタンパク質間相互作用や酵素活性などを変化させ，最終的には食品の物性を変化させる（高圧物性変換技術）．この物性変換技術は，ゲル化や軟化をはじめタンパク質食品の物性改善と食品の高付加価値化に資する技術となる．また，高圧単独では不充分でも，他の技術と複合すれ

ば（本章の場合，重曹処理と高圧処理の併用），食品の高付加価値化に繋がる．

　重曹・高圧併用処理技術は，食肉の食感や物性の改善（特に軟化と保水性の向上）には肉種を選ばずに効果が認められ，さらには高圧処理時の圧力ならびに重曹濃度や重曹インジェクション量により任意に物性値を調節できる技術である．また，冷凍保存やレトルト処理などの食品にとって過酷な条件でもその効果は失われないので，様々な商品形態や業種に対応できる技術だと思われる．食肉は栄養機能的に重要な食品であると共に，もとは家畜の筋肉であり，私達は「いのち」をいただいている．そのため，家畜から生産される畜産物を有効に利用していくことを考えなくてはならない．また，低塩化・低脂肪化・低添加剤化や栄養・機能性の付加など，消費者の健康志向や安全安心に応えるような食品の開発が可能な技術を考えなくてはならない．重曹・高圧併用処理技術もその技術の一つの柱として，今後は，食品企業等との共同研究などを通して本技術の普及を図ることに加え，本技術の学術的な裏付けやメカニズム解明にもさらに取り組んでいきたい．

　なお，食肉および食肉製品への高圧加工技術に関する最新の総説[33, 34]も紹介しておくので，興味ある方は参照されたい．

参考文献

1 ）鈴木敦士（2013），『進化する食品高圧加工技術 ── 基礎から最新の応用事例まで ──』（重松亨，西海理之監修），エヌ・ティー・エス，pp.3-8.

2 ）藤田恒夫監訳（1981），『立体組織学図譜Ⅱ組織編』，西村書店，pp.257-270.

3 ）阿久澤良造，坂田良一，島崎敬一，服部昭仁編著（2007），『乳肉卵の機能と利用』，アイ・ケイコーポレーション，pp.266-327.

4 ）中村桂子・松原謙一監訳（2010），『細胞の分子生物学第5版』，ニュートンプレス，p.1028.

5 ）林力丸（1987），食品と開発，22，55-62.

6 ）池内義秀（2007），New Food Industry，49，10-20.

7 ）笹川秋彦（2007），高圧力の科学と技術，17，230-237.

8 ）林力丸（1989），『食品への高圧利用』（林力丸編），さんえい出版，pp.1-30.

9 ）鈴木敦士（2003），『新しい高圧力の科学』（毛利信男編），講談社サイエンティフィ

ク, pp.264-312.

10) A. Suzuki, K. Kim, H. Tanji and Y. Ikeuchi (1998), Recent Res. Dev. Agric. Biol. Chem., 2, 307-331.

11) 鈴木敦士（2002），日食科工誌，49，749-756.

12) 池内義秀，吉岡慶子，鈴木敦士（2006），高圧力の科学と技術，16，17-25.

13) 池内義秀（2006），食品と容器，47，148-154, 200-203.

14) A. Suzuki, M. Watanabe, K. Iwamura, Y. Ikeuchi and M. Saito (1990), Agric. Biol. Chem., 54, 3085-3091.

15) Y. Ikeuchi, A. Suzuki, T. Oota, K. Hagiwara, R. Tatsumi, T. Ito and C. Balny (2002), Eur. J. Biochem., 269, 364-371.

16) K. Kim, N. Homma, Y. Ikeuchi and A. Suzuki (1993), J. Biochem., 114, 463-467.

17) N. Homma, Y. Ikeuchi and A. Suzuki (1994), Meat Sci., 38, 219-228.

18) S. Jung, M. Lamballerie-Anton, R.G. Taylor and M. Ghoul (2000), J. Agric. Food Chem., 48, 2467-2471

19) S. Yamamoto, Y. Otsuka, G. Borjigin, K. Masuda, Y. Ikeuchi, T. Nishiumi and A. Suzuki (2005), Biosci. Biotechnol. Biochem., 69, 1239-1247.

20) T. Nishiumi (1999), Recent Res. Dev. Agric. Food Chem., 3, 159-179.

21) S. Ichinoseki, T. Nishiumi and A. Suzuki (2006), J. Food Sci., 71, E276-E281.

22) Y. Ueno, Y. Ikeuchi and A. Suzuki (1999), Meat Sci., 52, 143-150.

23) T. Komoda, Y.-J. Kim, A. Suzuki and T. Nishiumi (2013), High Pressure Res., 33, 336-341.

24) 西海理之（2010），食品工業，53，34-40.

25) 高橋智子，齋藤あゆみ，川野亜紀，朝賀一美，和田佳子，大越ひろ（2002），日本家政学会誌，53，347-354.

26) 金娟廷（2011），『食肉の加工方法並びに加工食品』，特開2011-083228.

27) 金娟廷，西海理之，森岡豊，小齊喜一，小林篤，山﨑彬，大越ひろ，鈴木敦士（2012），食肉の科学，53，150-154.

28) Y.-J. Kim, T. Nishiumi, S. Fujimura, H. Ogoshi and A. Suzuki (2013), High Pressure Res., 33, 354-361.

29) 藤村忍，西海理之，小西徹也，浦上弘，西田浩志，金娟廷，齋藤雅史，小林裕之（2014），『食肉中の機能性ペプチドの富化方法及び機能性ペプチドが富化された食肉を利用した食品』，特開2014-097003.

30）西海理之，金娟廷（2014），『食肉入りレトルト食品の製造方法』，特開2014-064542.

31）S. Ohnuma, Y.-J. Kim, A. Suzuki and T. Nishiumi (2013), High Pressure Res., 33, 342-347.

32）K. Tabe, Y.-J. Kim, S. Ohnuma, H. Ogoshi, A. Suzuki and T. Nishiumi (2013), High Pressure Res., 33, 348-353.

33）H. Simon, F. Duranton and M. de Lamballerie (2012), Comprehensive Rev. Food Sci. Food Safety, 11, 285-306.

34）R. Buckow, A. Sikes and R. Tume (2013), Crit. Rev. Food Sci. Nutr., 53, 770-786.

第2章
◆

凍結含浸法を用いた形状保持型介護食
および機能性食品の製造技術

1. はじめに

　凍結含浸法は，食材内部に物質を急速導入する方法で，2002年に開発され，近年実用化が進みつつある新しい食品加工技術である．含浸とは，微細な隙間から物質を染み込ませることによって，材料の物性を改善，改質する技術のことで，主に真空や加圧処理が利用されている．含浸技術は，無機物から木材等の有機物に至るまで様々な加工材料を高機能化するために古くから利用されている．ポリエステル不織布や木材への樹脂含浸，紙の透明化，金属への無機コロイド含浸など，一般家庭用からハイテク産業用まで応用範囲は広い．一方，食品製造分野では単位操作として含浸技術が紹介されている成書は少なく，外国雑誌や特許文献に多くの応用例が掲載されている．また，毛細管現象や吸着・分配現象を利用して目的物質を染み込ませることも含浸と呼ぶことができることから，糖果や塩蔵なども広義の意味で含浸技術の範疇に入れることができる．

　食品加工分野で含浸技術が注目される契機となった技術として，酵素含浸法がある．Mcardleらによると，酵素含浸法（Enzyme infusion）とは，植物組織の表面または内部に酵素を効率的に導入して，酵素反応により物性や成分組成を変える技術であると定義している[1]．応用例として，ペクチンエステラーゼ含浸による缶詰用モモの強度改善やペクチナーゼ含浸による柑橘果実の内皮除去[2,3]などが報告されている．また，国内では無臭ニンニク[4]や真空と圧力の併用による食材内部への調味液やチョコレートなどの含浸技術が開発されている．

　筆者らは，食材へ酵素を効率的かつ急速に含浸する方法として凍結含浸法を

開発し，工業的に実用化できるレベルまで技術を高めた．酵素の導入速度が遅いと，時間的コストに加え，酵素反応が表面で進み過ぎるという問題があった．凍結含浸法は急速含浸法という位置付けにあり，細胞間隙のみならず，細胞内への物質導入を行う方法も開発されており応用範囲は広い．また，専用の加工装置を必要とせず，低コスト・省エネルギー型食品加工技術として技術導入しやすい面を持つ．現在，凍結含浸法は高齢者や咀嚼・嚥下障害者にとって食べやすく，食欲を促進する介護食の製造技術として実用化が進んでいる．また，新たな応用技術として，食材内部で酵素による分子変換を行い，新たな機能性を付加する方法や物性を改良した新食感食品の製造技術などの研究例を紹介する．

2.　凍結含浸法とは

(1)　食材の単細胞化

　植物細胞は，細胞壁に囲まれ，中葉を介して接着している．中葉には細胞壁間接着物質であるペクチン質が存在し，ペクチン分解酵素を作用させれば，植物組織は軟化し，細胞を遊離させることができる．これまでに，栄養成分や風味，色調の保持などを目的に，ペクチナーゼやセルラーゼ製剤を用いて，ニンジン，カボチャ，インゲンマメ，ニンニクなど多くの植物食材について単細胞化が行われてきた[5,6]．酵素反応処理は，食材を効率的に酵素と接触させることが重要で，単細胞状態の食品素材を作製する場合，食材を細切後，酵素反応を行えばよい．しかし多くの食材においては，細胞内外で生じる浸透圧差のため，細胞の破壊や栄養成分の溶出が問題となる．栄養成分の溶出を防止するには，糖質などの浸透圧保持物質を添加する必要がある[7]が，溶出を完全に防止することはできない．

(2) 凍結含浸法

凍結含浸法は，当初単細胞化処理の工程において浸透圧の影響を極力排除させる方法として考案された．食材を細切りせず塊の状態で酵素含浸すれば，食材内部で切り離された細胞は浸透圧の影響をほとんど受けない．酵素剤を急速導入させるために，氷結晶を生成させ食材組織に緩みを与えた後，酵素含浸することで含浸効率を劇的に高められることがわかった．実際，食材を凍結・解凍後ペクチナーゼを減圧含浸させる実験を行ったところ，中心部まで酵素が導入され，形状は保たれてはいるものの，指で押さえれば完全に崩壊する試料が作製できた．凍結または減圧処理をしない場合，組織は軟化するが，中心部では組織は維持され，完全な組織崩壊までには至らない．すなわち，凍結含浸法とは，凍結・解凍操作と減圧操作の2工程を基本工程として食材内部に酵素を急速導入する手法である．酵素を食材内部に急速導入することで，表面と中心部の反応時間差をなくすことができる．本法を利用すれば栄養成分や風味を保持した品質の良い単細胞食品を短時間に製造することができるようになる．また，酵素反応を制御すれば，軟化度合を自由に調節することも可能となる[8]．凍結・解凍した後，加圧しても酵素含浸は可能であるが，コスト面および品質面で減圧法が圧倒的に有利である．

凍結含浸操作の基本手順は次のとおりである（図1）．まず，生または加熱した食材を－20℃程度で凍結後，酵素製剤を溶解させた調味液に浸漬，解凍する．調味液に浸漬した状態のまま真空ポンプで減圧にし，所定真空度に達したら真空ポンプを止め，減圧下で最大5分程度放置する．常圧復帰後，直ちに調味液から取り出して，そのまま所定の温度条件下で，酵素反応を速やかに進行させる．目的の硬さに達したら蒸煮処理等で酵素を失活させる．酵素剤の配合や各手順，温度管理は，食材に応じて変える必要がある．この間，加熱履歴は極めて少なく，調味と軟化が同時に行えるため，煮込み工程を省略することができる．従来の加熱調理という工程が省略できるため，凍結含浸法は省エネルギー型食品加工技術としても有望である．

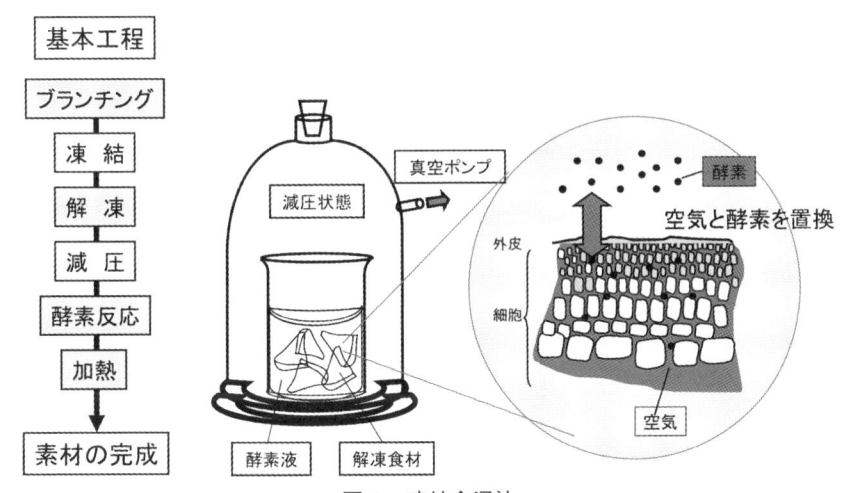

図1 凍結含浸法
使用酵素：ペクチナーゼ活性を有する酵素製剤

(3) 凍結含浸法の原理

凍結含浸法による食材への酵素導入は，減圧と常圧復帰の圧力変化によって成し遂げられる．その原理は，Fito らが真空含浸法で報告している食材の気液界面で起こる変形緩和現象を伴う流体力学メカニズム（HDM）[9] と同様と考えられる．食材を酵素液に浸漬して減圧処理すると食材表層の空気が膨張し，食材内外の圧力差により空気は食材表面から放出される．減圧状態を保持すると次第に空気の放出が収まると同時に，空隙の毛細管圧力により酵素液が徐々に浸入するが，常圧復帰させる際に，食材は収縮し，膨張時とは逆に外圧が内圧を上回り，急激に酵素液が食材空隙内に進入する．すなわち，真空含浸法とは，食材空隙内の空気と酵素液の置換現象であり，圧力変化にともなう空気の体積変化が，酵素液導入の駆動力となっている．他方，凍結含浸法は，食材を凍結・解凍する際，氷結晶の生成による膨張と収縮が事前に行われており，真空含浸法に比べ，遥かに大きな体積変化が生じるため，酵素液を食材内部に導入する駆動力が大きく，食材の中心部まで酵素液を到達させることができる[10]．

また，細胞内に酵素等を導入する方法として，事前に誘電加熱を行った後

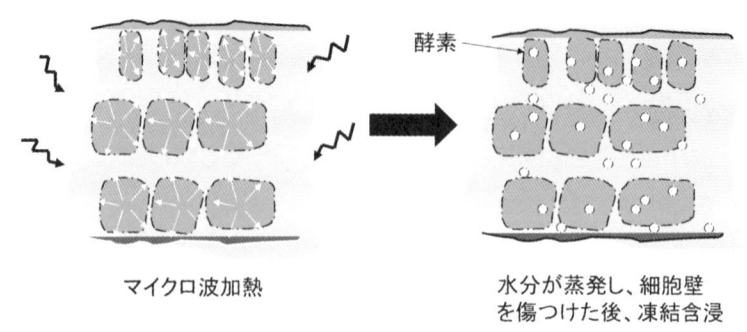

マイクロ波加熱　　　　　　　水分が蒸発し、細胞壁
　　　　　　　　　　　　　　を傷つけた後、凍結含浸

図2　細胞内への酵素導入の原理

に，凍結含浸する方法が最も効率的である．誘電加熱（いわゆるマイクロ波加熱）により細胞内の水分を急激に蒸発させることで細胞壁を傷つける方法が採られている（図2）．

(4) 凍結含浸法で得られた食材の品質

　凍結含浸処理では，酵素反応を制御すれば，食材の硬さは自由に調整できるが，得られた食材は基本的に単細胞状態になっている．しかし，氷結晶生成により細胞壁が損傷し，品質低下を生じる可能性がある．そこで，生ジャガイモから調製した凍結含浸単細胞，粉砕物およびマッシュポテトのアミログラフ測定を行い，細胞からのデンプンの溶出について調べた結果を図3に示す．粉砕物は，細胞壁の破壊によるデンプンの溶出により急激な粘度上昇が生じる

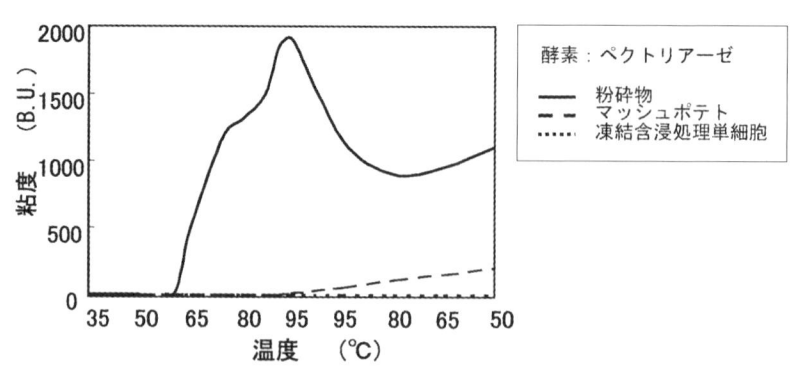

図3　凍結含浸処理で得られたジャガイモ単細胞のアミログラム

が，凍結含浸で調製した単細胞の場合，粘度上昇は生じない．デンプンを多く含む食材の場合，細胞壁が比較的良好に維持されていることがわかる．

　次に，凍結含浸法の特徴の一つに，熱履歴を抑えた食品加工技術であることがあげられる．煮炊き工程は，熱による軟化と調味料の染み込みを目的としているが，加熱によりビタミンC などの栄養成分の分解や溶出，香りや色調の変化を伴う．そこで，図4にブロッコリーを対象に通常の煮込み加熱した場合と凍結含浸処理した場合のビタミンC の残存量を調べた結果を示した．凍結含浸処理はブランチング時の加熱でビタミンC は減少するのみで，極めて軟らかいにもかかわらずビタミンC がよく残っていることがわかる．また，色調の変化や水溶性色素であるアントシアニンなどの残存率においても良好な結果が得られている．浸透圧差による細胞内成分の溶出は水溶性成分に顕著に現れるが，凍結含浸法は水溶性，疎水性を問わず，栄養成分の溶出が起こりにくい方法である．さらに，香気成分での比較試験において，凍結含浸法で調製した単細胞は，ニンジンの主要香気成分である β–カリオフィレンやビサボレンなどの炭化水素類をよく残存しており，貯蔵中の変化も起こりにくいことが

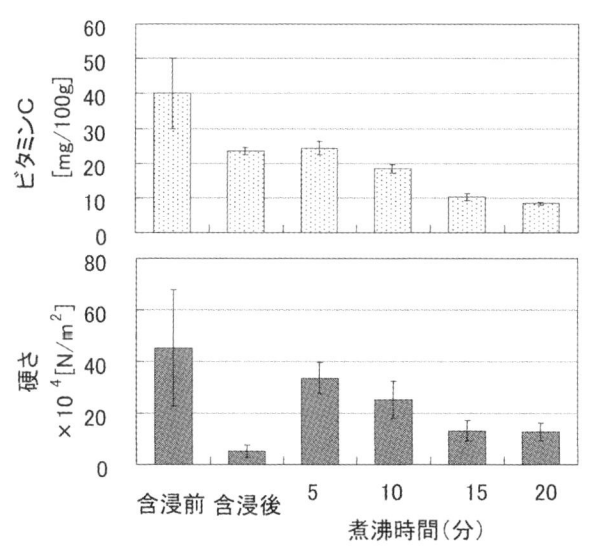

図4　凍結含浸処理と煮沸処理したブロッコリーのビタミンC残存量と硬さの関係

明らかにされている [8].

3. 凍結含浸法を利用した高齢者・介護用食品の開発

(1) 高齢者・介護用食品としての凍結含浸法の優位性

　凍結含浸法は，単細胞化食品の製造方法として開発されたが，ペクチナーゼ製剤を含浸後，酵素反応を調節すれば，食材の形状を保持しながら硬さを制御できるようになる．この硬さ制御を応用して開発されたのが，高齢者・介護用食品である．

　食物を食べるという行為は，人生の終焉を迎えるまで最大の楽しみといえるが，この「食べる」という行為に関与する機能に障害があると食べる楽しみが失われるばかりでなく，消化器官の機能低下やタンパク質・エネルギー栄養失調症などの低栄養化状態を誘発する．また，誤嚥性肺炎のリスクとも隣合わせであり，生命にも危害が及ぶ場合がある．咀嚼・嚥下障害は，脳神経障害や機能不全など様々な疾患で発症するが，加齢も大きな要因の一つであり，高齢者に摂食・嚥下障害の兆候を示す傾向は強い．市販されている介護用食品を見ると，流動食や刻み食，ゼリー食など安全性や機能性を重視したものが多く，QOL（Quality of Life）の視点でみると未だ発展途上にある．本来，食品は栄養的に優れていることはもちろんのこと，色，味，香りに加え形状も重要な構成要素である．食欲の低下は，低栄養化の一因ともなっており，介護用食品には，生体機能の維持のみでなく，食事の楽しみや親睦・交流の場を与える機能が求められる．

　凍結含浸法は，外観的に健常者と同じ食事の提供が可能で，食の世界にバリアフリー化をもたらす技術である．凍結含浸食の高い食欲増進効果は，咀嚼・嚥下困難者の栄養改善や健康維持にもつながる．また，本法を応用して，食物繊維などの栄養成分や機能性成分を付加・増強する技術，造影剤を含浸させて嚥下造影，消化器官造影検査食などの医療用検査食を製造する技術なども開発可能である．

(2) 咀嚼・嚥下困難者用食品

　凍結含浸法を用いて介護食を製造する場合，植物食材によって酵素剤の効き方が異なるため，酵素剤の選択は重要である．ゴボウ，レンコンなどの根菜類は凍結含浸法では軟化しやすい食材であるが，それでも酵素剤により軟化速度は大きく異なる[11]．細胞壁にはキシログルカンを始め複雑な構造を持つ多糖が数多く存在する．軟化に用いられる市販酵素剤は，ペクチナーゼの他，プロトペクチナーゼ，ヘミセルラーゼ，セルラーゼなど様々な酵素活性を有しており，食材の軟化にはこれらの酵素が複合的に関与しているものと思われる．また，酵素剤の選択は製品の味，色調，物性，製造コストにも影響し，複数の酵素剤を組み合わせることで製品品質を高められる場合もある．

　凍結含浸を行った食材は，放置するだけで時間の経過とともに軟化し，食材ごとに一定の硬さに収束する（図5）．そのため，酵素濃度，反応温度，時間を組み合わせることで，硬さ調節を行うことができる．健康増進法における「そしゃく困難用食品」の旧基準である 5.0×10^4 N/m^2 以下の硬さまでの放置時間をみると，酵素濃度0.05%の場合，ゴボウで30分間，タケノコで

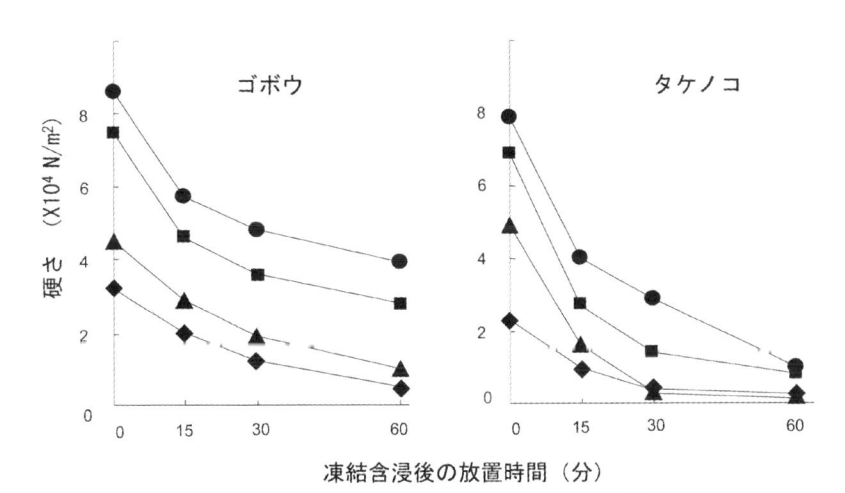

図5　硬さに及ぼす酵素濃度，反応時間の影響
酵素濃度：●，0.05%，■，0.1%，▲，0.5%，◆，1.0%
酵素：ペクチナーゼ
反応温度：40℃

は15分間を要した．酵素濃度が高くなると酵素失活や殺菌工程において，形状が崩れやすくなる傾向があり，実用的には，微生物的な要因を考慮しながら酵素濃度，反応温度を調節して製造する必要がある．

　凍結含浸法による魚介類や肉類の軟化についても，凍結・解凍した試料にプロテアーゼ製剤を減圧下で含浸し，一定時間酵素反応させることで，試料の形状を保持したまま，介護食レベルの硬さにまで軟化させることは可能である．魚種によるが，魚介類は生のまま酵素含浸する場合が多く，微生物の増殖を抑えるため，凍結含浸工程は 5 ℃以下の条件下で行う必要がある．酵素反応後の試料は 40 ～ 60 ℃の加熱で大幅に軟化するが，加熱に伴う筋肉タンパク質の変化が軟化に重要である．10 kDa 以下のタンパク質が加熱により増加することから，酵素分解を受けたタンパク質が加熱によりさらに低分子化し，急激な軟化が生じるものと思われる．また，遊離アミノ酸量は処理前と比較して増加するが，タンパク質構成アミノ酸の増加が顕著で，呈味性の向上と消化吸収機能改善効果が期待される [13]．

　また，食肉においても，生の状態でプロテアーゼを用いて結合組織を選択的に分解し，酵素反応を制御することによって，苦味やドリップを抑制し，品質を保ったまま軟化する技術が開発されている．軟化した食肉の食感，呈味性は，使用するプロテアーゼのタンパク質分解様式と密接な関連がある．これまで食肉の軟化には，インジェクション法が用いられているが，凍結含浸法は処理肉の均一性および軟化度の面から介護食の製造には最適である．また，酵素反応を制御すれば，硬いモモ肉などを均一に軟化できるので，一般的な食肉の軟化にも適用可能である．

(3) 凍結含浸介護食の有用性

　嚥下困難者は，食物をうまく飲み込むことができないため，誤嚥性肺炎などの重篤な状態になる場合がある．このため，嚥下食は良好な食塊形成を図り嚥下しやすくするため，トロミ剤で粘性を付加して製造されている．凍結含浸食材においてもトロミ液をかければ問題ないが，酵素と増粘剤を同時に食材内部に導入し粘性を付加することで，離水防止と歩留り向上を行うことができる．

凍結含浸において，増粘剤はその粘性のため酵素含浸の妨害物質になる．そこで，未水和状態の増粘剤（生デンプン等）を用いる方法を考案した[14]．含浸時に酵素溶液中に分散する未糊化加工デンプン（デリカ SE）量が，凍結含浸タケノコの硬さおよび離水率に及ぼす影響について検討した結果を図6に示した．タケノコの硬さは，酵素溶液中に分散する未糊化デリカ SE 添加量に関係なく一定の範囲で制御可能であった．離水率は，未糊化デリカ SE 濃度の増加とともに減少し，添加量 10.0% 以上になると離水は抑制された．離水率については，同じ添加量のデリカ SE と馬鈴薯デンプンを比較した場合，デリカ SE の方が離水抑制効果は高い．このように生デンプンなど未水和状態の増粘剤を酵素と同時含浸し，加熱処理してデンプンを糊化させれば，硬さ調節と同

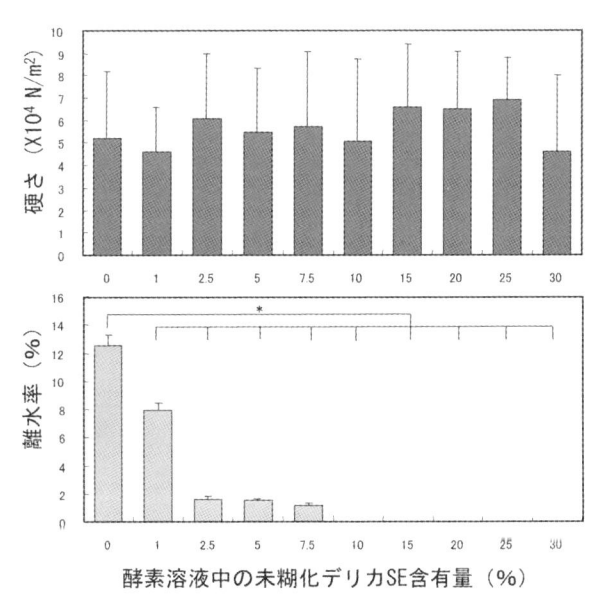

図6　凍結含浸における硬さ（上段），離水率（下段）に
　　　及ぼす未糊化デンプンの影響
試料：タケノコ
酵素：ヘミセルラーゼ「アマノ」90（0.3%）
硬さ：平均値 ± 標準偏差（n = 10）
離水率：平均値 ± 標準偏差（n = 3）
* : $p < 0.05$

時に離水防止を行うことができる．本技術により付着性や凝集性の改善による食塊形成能の向上や嚥下速度の制御，歩留まり向上などが可能となり，嚥下性や製造コストの改善を図れることが期待される．

　さらに，凍結含浸法を用いて食材内に酵素を急速導入する際，酵素液に調味料やビタミン，ミネラルなどの水溶性成分を混合しておけば，酵素と同時にこれらの成分を導入することが可能で，栄養強化食品を製造することができる．一方，カロリー強化やβ-カロテンなどの脂溶性成分を導入するには，エマルションの形にして導入する方法がある[15]．ジャガイモを対象に凍結含浸法を使って，油脂エマルションを導入する実験では，油脂の比率が10%から70%の水中油滴型エマルションが適していることがわかった．油脂の比率が30%のエマルションの場合，3 g/100 gの油脂を内部に導入できる．

(4) 凍結含浸食の消化性改善効果と摂食試験

　凍結含浸法による軟化は，分解酵素による低分子化反応を伴うため，消化性の改善効果が期待される．特に，根菜類は，食物繊維や無機質の主な供給源となり得る食材であるが，摂食機能が低下した者にとって，消化器官への負担も大きいとされる．凍結含浸したレンコンの人口消化試験とラットを使った胃内滞留時間について調べた結果をみると，パンクレアチンによる消化試験では，凍結含浸処理によって，消化時間が短縮され，可消化量は増加するというデータが得られている[16]．食材の硬さと消化酵素処理後の不溶性固形物量との間には高い相関が認められ，食材が軟らかいほど不溶性固形物量が少なく消化性の改善効果が期待される．このとき，食物繊維量に変化はなく，水溶性食物繊維の増加が明らかにされている[11]．

　また，ラットへの経口投与試験では，胃内滞留時間が延長されるというデータが得られており，凍結含浸処理により，胃への負担が軽減され，水溶性成分の十二指腸への流出が抑制されることで，穏やかに吸収される可能性が指摘されている．介護施設入所者を対象とした摂食試験では，凍結含浸食はこれまで極キザミ食あるいはミキサー食を喫食していた高齢者に適しているというデータが得られている[17]．ある程度硬い食事でも食べられる高齢者には物足りな

さが残るのは当然としても，咀嚼・嚥下困難者には好評であった．刻みやミキサーにかける手間やキザミ食は口腔内で食塊を作りにくいという指摘もあり，安全性の上でも課題が残るため，凍結含浸食の優位性は高い．また，凍結含浸食は，食事時間の大幅な短縮効果が確認されており，健常者と同じ見た目の食事を楽しむことができるようになれば，高齢者の栄養面におけるリスクを軽減し，生活を豊かにするだけでなく，家族や介護者にとっても労務や精神負担の軽減につながることが期待できる．

5. 真空包装機を利用した凍結含浸法

　高齢者・介護用食品は業務用食品としての利用以外に，病院や介護施設内での調理，配食においても利用される．近年，厨房に真空調理システムを導入する施設が増加しており，減圧操作を基本工程とする凍結含浸法にとって都合が良い．工業生産で使われるタンク式減圧装置に比べ，酵素液量は制限されるが，調味も同時に行え，衛生的でもある．そこで，真空包装機を利用した少量生産かつ複合調理可能な凍結含浸技術の開発を行った[18]．

　凍結・解凍した食材に酵素剤を含む調味液に浸漬または付着させた後，卓上型真空包装機を用いて真空包装し，酵素を減圧処理する実験では，酵素含浸時の圧力が $5.1 \sim 15.3$ kPa の範囲において，$3 \sim 5$ 分間の減圧保持時間を設けることで，品質の良い介護食を製造できることが報告されている．包装後の加熱調理工程を省略できるので，省エネルギーで保管管理もしやすいというメリットも生じる．真空包装機を用いて病院や介護施設で凍結含浸調理を簡易に行なえる酵素剤入り調味料も販売されており，利便性が向上している．

6. 安全性評価のための臨床試験と新規嚥下造影検査食の開発

　凍結含浸食材の安全性を確認するため，県立広島病院において凍結含浸法で作製した介護用食品について嚥下造影検査（Videofluorography：VF）を用いた臨床評価を実施した．350例を超える臨床評価の結果，誤嚥等問題となる例

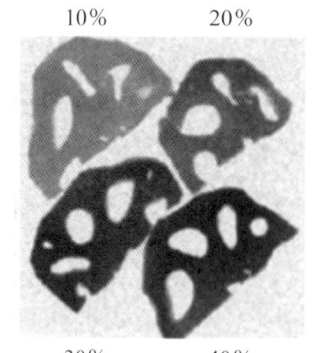

10%　　　　20%

30%　　　　40%
造影剤濃度

図7　造影剤を含浸したレン
　　　コンの透過X線像
使用酵素：ペクチナーゼ
造影剤：オイパロミン300（イ
オパミドール含有，富士製薬
工業）

は認められていない[19]．さらに，その過程で，凍結含浸法が新たなVF検査食を製造するための画期的手法となることを見いだした[20]．摂食・嚥下活動を外部から観察することは非常に困難で，誤嚥が疑われる場合，VF検査が行われる．通常，VF検査には，液状，ゼリーやプリンなどに造影剤を混ぜ合わせた検査食が用いられている．しかし，これらの検査食は模擬的なものに過ぎず，本来の食物の摂食・嚥下状態を観察しているとはいえない．

　一方，凍結含浸法では，酵素と造影剤を同時含浸させることで，形状はそのままで物性を調整した検査食を作製できる．本検査食でVFを実施したところ，咀嚼期から嚥下期に至る通常の摂食過程のVF画像を取得することができた．また，外科領域にも応用展開でき，胃切除術後の造影結果において，凍結含浸食材が喉につかえることはなく，食道から残胃，さらに十二指腸への食材の移動の程度が観察されている．図7は，凍結含浸処理した根菜類の写真とレントゲン写真である．

7. 機能性成分の付加・増強技術への応用

　凍結含浸で使用する酵素をうまく利用すれば，機能性成分の付加・増強技術として用いることができる．例えば，植物組織崩壊酵素を含浸すれば，硬さ制御のみならず，多糖類の低分子化により水溶性食物繊維を食材内部に生成させることができる．セルロシンME（エイチビィアイ）処置したゴボウの食物繊維を調べると，総食物繊維量はほとんど変化しないが，凍結含浸処理によって水溶性食物繊維が増加することが確認されている[10]．水溶性食物繊維は，コレステロールなどの生体内吸収抑制作用や血糖値上昇抑制作用などに関与する成分である．また，細胞内に酵素を導入して細胞内成分を分子変換した

例として，ジャガイモにオリゴ糖生成酵素を凍結含浸し，食材内部にオリゴ糖を生成させた例がある [21]．さらに，大豆の内部に ACE 阻害活性ペプチドを生成させ，血圧抑制ペプチドであるイソロイシルチロシンを含む大豆を調製した例 [22] や，グルタミン酸脱炭酸酵素活性の高い野菜であるカボチャにグルタミン酸ナトリウムを含浸し，γ−アミノ酪酸（GABA）を含むカボチャを調製した例 [23] がある．このような機能性付加・増強技術に関する報告例はなく，今後さらに発展するものと思われる．

参考文献

1 ）R. N. Mcardle and C. A. Culver: *Food Technol.*, 48 (Nov.), 85 (1994).

2 ）H. Javeri, R. Toledo and L. Wicker: *J. Food Sci.*, 56, 739 (1991).

3 ）N. Benchalom, A. Levi and R. Pint: *J. Food Sci.*, 51, 799 (1986).

4 ）Nakamura T. , Hours R. A. and Sakai T.: *J. Food Sci.*, 60, 468 (1995).

5 ）K. Zetelaki-horváth and K. Gátai: *Acta Alimentaria*, 6, 227 (1977).

6 ）T. Nakamura, R. A. Hours and T. Sakai: *J. Food Sci.*, 60, 468 (1995).

7 ）S. V. Ramana and A. J. Taylor: *J. Sci. Food Agric.*, 64, 519 (1994).

8 ）坂本宏司，石原理子，柴田賢哉，井上敦彦，食科工，51，395（2004）.

9 ）P. Fito, A. Andres, A. Chiralt and Pardo, P.: *J. Food Eng.*, 27, 229 (1996).

10）K. Shibata, K. Sakamoto, M. Ishihara, S. Nakatsu, R. Kajihara and M. Shimoda , *Food Sci. Technol. Res.*, 16, 359 (2010).

11）K. Sakamoto, K. Shibata and M. Ishihara: *Biosci. Biotechnol. Biochem.*, 70, 1564 (2006).

12）柴田賢哉，石原理子，坂本宏司，食科工，53，560（2006）.

13）永井崇裕，福馬敬紘，中津沙弥香，柴田賢哉，坂本宏司，日水誌, 77, 402（2011）.

14）中津沙弥香，柴田賢哉，石原理子，坂本宏司，日摂食嚥下リハ学会誌，11，24（2007）.

15）渡邊弥生，石原理子，中津沙弥香，坂本宏司，食科工，58，51（2011）.

16）中津沙弥香，柴田賢哉，坂本宏司，食科工，57，434（2010）.

17）中津沙弥香，石原理子，前西政恵，柴田賢哉，坂本宏司，横山輝代子，日摂食嚥下リハ学会誌，14，95（2010）.

18）中津沙弥香，柴田賢哉，石原理子，坂本宏司：日摂食嚥下リハ学会誌，13，120

（2009）.

19）平位知久，福島典之，小野邦彦，羽嶋正明，片桐佳明，益田　慎，日本耳鼻咽喉科学会会報，113，110（2010）.

20）坂本宏司，柴田賢哉，中津沙弥香，石原理子：特開第2007-204413（2007）.

21）K. Shibata, K. Sakamoto, M. Ishihara, S. Nakatsu, R. Kajihara and M. Shimoda, *Food Sci. Technol. Res.*, 16, 273 (2010).

22）R. Kajihara, K. Shibata, S. Nakatsu, K. Sakamoto and T. Matsui, *Food Sci. Technol. Res.*,17(6), 561 (2011).

23）Y. Watanabe, K. Murakami, K. Sakamoto, T. Fujiwara, A. Tai and N. Muto, *Food Sci. Technol. Res.*, 19 (4), 641 (2013).

第3章
◆
酵素処理による食品残渣の有効利用

1. 背　景

　平成22年に行われた国勢調査結果を元に発表された都道府県別平均寿命[1]によると，長野県の平均寿命は，男性80.88歳（全国平均79.59歳），女性87.18歳（同86.35歳）であり，男女ともに日本一である．しかし，約50年前の1965年の調査では，男性9位，女性26位であった（図1）．長野県は"海なし県"であり，流通が悪い時代には，海産物などは塩蔵品が中心であった．また，塩分濃度の高い漬物を食する習慣などもあり，塩分接種の過多が問題であった．その後，流通事情の改善や家電製品の近代化，また，全県をあげた"減塩運動"の広がり，集団検診の普及等を背景に，長寿県としての地位を築いてきたのである．こうした"長寿"を育んできた要因の一つに，食生活と

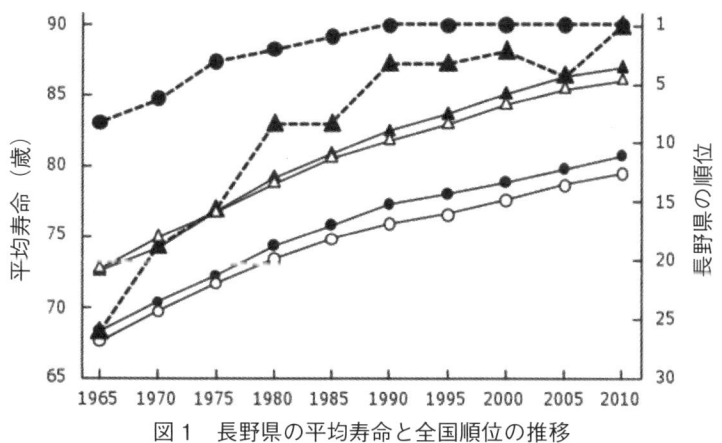

図1　長野県の平均寿命と全国順位の推移
　○実線：平均寿命・全国（男性），●実線：平均寿命・長野（男性）
　△実線：平均寿命・全国（女性），▲実線：平均寿命・長野（女性）
　●点線：長野県男性順位，▲点線：長野県女性順位

農作業などの運動が大きく関係していることが挙げられている．特に食生活の基本となる食品においては，信州味噌や，野沢菜漬け，スンキ漬けなどの漬物といった伝統的発酵食品が多いのが特徴である．また，高い生産量を誇る野菜や果実，四季の移ろいの中で得られる春の山菜や秋のキノコなど，食物繊維が豊富な食品を，日常の食生活の中に取り入れる習慣が高い．一方，食品を産業面から見てみると，信州大学工学部が位置する長野市では，食品加工業が製造品出荷額の約25％を占める地場基幹産業となっている．こうした背景を元に，信州長野の郷土食に対して伝統的な加工プロセスに加えて，さらに現在の新しい技術を導入することで，より付加価値の高い伝統食へ変換することが期待されている．本章では，我々が行っている酵素を用いた食品加工についての取り組みついて紹介したい．

2. 酵素を利用したペースト化

　近年，健康志向や安全志向の高まりなどを背景として，食生活の高度化や多様化が進んでいる．一方で，食品の製造工程における廃棄物の問題や，食生活の変化に伴う栄養バランスの偏りといった問題も指摘されている．特に，食糧自給率の低い日本においては，製造工程における歩留まりの向上や，加工の過程で生じる廃棄物の新たな利用法の開発は非常に重要な課題である．農産加工における廃棄物をみてみると，その多くは果皮などの高度に発達した植物細胞壁を多く含む部位である．植物細胞壁は，主にセルロース，ヘミセルロース，ペクチン3つの多糖類成分と，フェノール化合物であるリグニンから構成されており，植物の構造体を維持するために非常に強固な構造となっている．そのため，食品に加工する際には口触りを悪くしたり，加工プロセスを複雑化させたりする原因ともなる．また，栄養学的には食物繊維として分類されており，人間の消化酵素によって分解されない難消化性成分である．こうした食物繊維は，栄養素ではないものの，そのもの自体に種々の生理的機能があることが知られている．

　微生物が生産するセルラーゼやヘミセルラーゼをはじめとする植物細胞壁分

解酵素は，こうした人間の消化器系では分解できない食物繊維を単糖やオリゴ糖にまで分解することが可能である．例えば，セルロースは酵素によってグルコースにまで分解され，腸から吸収され澱粉の場合と同様にエネルギー源になる．また，酸性糖を含むペクチンやヘミセルロースは，酵素分解によって有用なオリゴ糖に変換されることが期待される．酵素による代謝の補助的な側面に加え，植物細胞壁を崩壊させることで，機械的な破砕とは異なる食感を有するペースト化を達成することが可能となる．さらに，近年では高齢者の増加に伴って，誤嚥に起因する肺炎や窒息の危険が増えており，援護困難者向けの食品開発も重要な課題となっている．こうした問題を解決するための食品加工プロセスとして，酵素利用は非常に有効な手法であると考えられる．

3.　里芋のペースト化

　里芋の食品利用において，子芋および孫芋が主に生食用として流通するのに対し，親芋は粘りが少なく繊維質が多いことから，廃棄されることが多い．本研究では，里芋（親芋）の外皮を除くすべてを利用可能な手法として酵素処理法に着目し，食感や物性の変化，栄養学的な付加価値性などについて検討を行った[2]．まず，親芋の適した酵素剤を選択するために，市販されている微生物起源の異なる酵素剤を，0.1％濃度で24時間作用させ，親芋の崩壊性を比較した．セルラーゼおよびペクチナーゼを含む酵素剤では，いずれも親芋の崩壊が認められたが，特に糸状菌 *Acremonium cellulolyticus* から生産された酵素剤アクレモセルラーゼ KM（協和化成）において最も高い崩壊活性が認められた（図 2）．*Acremonium cellulolyticus* は，1980 年代に微生物工業技術研究所（現，独立行政法人 産業技術総合研究所）によって見いだされてきた菌であり[3]，現在では，Meiji Seika ファルマから産業生産されている[4]．これ以外にも，食品用の酵素には *Aspergillus* 属由来のものや，*Trichoderma* 属由来のものなどがあり，作用させたい対象によって最適な酵素も異なるため，それぞれの場合において検討することが大切である．

　酵素処理による親芋の物性変化を調べるために，酵素濃度 0.1％，60℃ で反

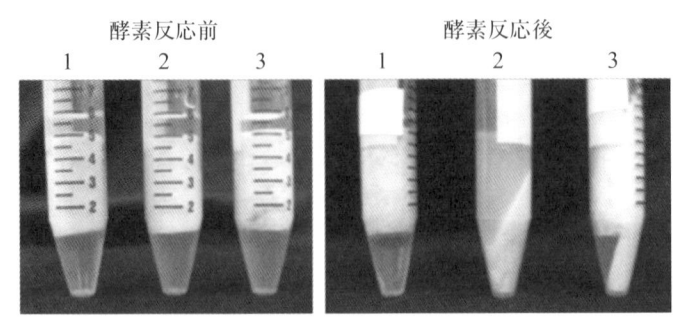

図2　酵素剤による親芋の崩壊性
1：水，2：*Acremonium* 系酵素，3：*Aspergillus* 系酵素剤

応させた時の親芋断片の硬さおよび付着性を，クリープメーター RE-33005B（山電）を用いて測定した．約 12 時間以上の反応でベビーフード向けの硬さの許可基準（50×10^4 N/m²）を達成し，約 20 時間以上の反応で嚥下困難者用食品の許可基準（1.5×10^3 J/m³）を達成した（図3）．

　こうした条件から，里芋の親芋のペースト化は以下の方法で行った．親芋の皮をむき，包丁にて角切りにした後，市販のフードプロセッサを使って粗く粉砕した．これに 65℃ 以上の熱を加えていくと，親芋中の澱粉が糊化し，粘度が少し上昇する．温度が 60℃ 程度までに冷えたところで，親芋の量に対してアクレモセルラーゼ KM を 0.1% 添加し，撹拌させながら作用させると，数分

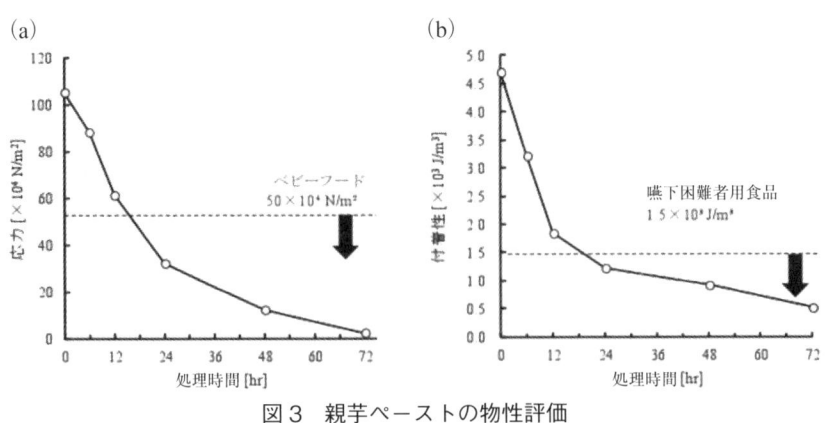

図3　親芋ペーストの物性評価
（a）硬さの評価，（b）付着性の評価

で緩やかなペースト状に変化する．この状態で30分近く反応させると，ペーストのような粘性はなくなり，完全な液体状態に仕上がる．

　酵素処理によって一般成分に対し，どのような影響があるのかを調べるために，食品一般成分分析法による水分，蛋白質，脂質，炭水化物，灰分量を測定した．また，プロスキー変法による水溶性食物繊維と不溶性食物繊維量についても測定を行った．また，対照として，生の親芋と，石臼式摩砕機（スーパーマスコロイダー）MKCA6-2（増幸産業）によって機械的に摩砕処理した親芋ペーストを用いた．生親芋と比較すると，機械処理及び酵素処理ペーストでは蛋白質，脂質，炭水化物，灰分では大きな変化はあまり認められないが，食物繊維において特徴的な変化が確認された（表1）．酵素処理を行うことにより不溶性食物繊維が減り，水溶性食物繊維が増加しているが，これは植物細胞壁の分解によるものだと考えられる．

　口から摂取された里芋は，咀嚼により物理的に細かくされた後，胃において胃酸やタンパク質分解酵素により部分的に消化され，さらに小腸において糖質分解酵素等の働きによりさらに消化され，吸収される．そこで，酵素処理ペーストの消化性を評価するために，人工胃液（ペプシン）および人工腸液（パンクレアチン）を用いた分析を行った．それぞれの親芋試料を5 g量り取り，塩酸（pH 1.0）中で人工胃液と30分反応させ，水酸化ナトリウムにて中和後（pH 6.8），さらに人工腸液で30分間消化させた．反応物を遠心分離し残渣を回収

表1　親芋および機械・酵素処理ペーストの一般栄養成分分析（g/100 g）

試　料	水分	蛋白質	脂質	炭水化物	灰分	水溶性食物繊維	不溶性食物繊維
生親芋	85.0	2.4	0.1	12.3	0.2	0.6	1.6
機械処理ペースト	85.0	2.7	0.1	12.0	0.2	0.9	1.2
酵素処理ペースト	86.0	3.0	0.1	10.8	0.1	1.8	0.3

表2　人工消化液を用いた里芋の消化性評価

試　料	消化前［g］	消化後［g］	消化率［%］
親芋（生）	0.753	0.565	25.0
機械処理	0.752	0.519	31.0
酵素処理	0.712	0.312	56.2

表3　機械処理および酵素処理によって可溶化された糖の分析

成　分	未処理	機械処理		酵素処理	
	構成糖量 [$\times 10^2$ mg/100 g]	含有量 [mg/100 g]	可溶化率 [％]	含有量 [mg/100 g]	可溶化率 [％]
ラムノース	2.9	0.40	0.14	17	5.8
キシロース	7.0	0.20	0.028	22	3.2
アラビノース	3.6	0	0	19	5.4
フルクトース	1.9	170	45.0	270	71.0
ガラクツロン酸	13.4	13	0.96	470	34.6
マンノース	1.7	1.7	1.0	16	9.4
グルコース	638	28	0.04	170	0.26
ガラクトース	20.1	11	1.54	260	13.0
マルトース	—	160	—	740	—
スクロース	—	220	—	450	—
イソマルトース	—	0	—	40	—
セロビオース	—	50	—	50	—
オリゴ糖	—	140	—	350	—

した後，乾燥質量を測定し，消化率を算出した（表2）．生芋および機械処理ペーストの場合，消化率はそれぞれ25％，31％であったのに対し，酵素処理ペーストでは56％であった．これは，未処理の生芋（親芋）の2.3倍，マスコロイダーを用いた機械処理の1.8倍であった．

　次に，機械及び酵素処理ペースト中に含まれる単糖を，HPLCにより分析した．また，生の親芋を硫酸分解し単糖にまで分解し，初期の糖含量を求め，各種単糖の可溶化率を算出した（表3）．生親芋の糖組成をみてみると，グルコースが最も多く，貯蔵多糖である澱粉に由来すると考えられる．次いで，水溶性の食物繊維であるアラビノガラクタン由来のガラクトースやアラビノース，キシラン由来のキシロース，ペクチン由来のガラクツロン酸等が含まれている．酵素によって可溶化した単糖成分を見てみると，機械処理と比較してキシロースで114倍，ラムノースで41倍，ガラクトースで24倍に増加し，ガラクツロン酸も36倍に増加した．グルコースの可溶化率が酵素処理ペーストでも低いのは，生芋中に含まれる澱粉が酵素処理によって分解されないためで

ある．最も可溶化率の高かったガラクツロン酸はペクチン由来だと考えられ，ヘミセルロースと共にペクチンの分解による単糖増加が確認された．

　以上の結果から，里芋の親芋に対してアクレモセルラーゼ KM を使用することにより，植物細胞壁が分解され，高齢者食にも適したペースト化を行うことが可能であると同時に，機械処理だけでは不可能な栄養価の高いペースト化を行うことが可能であることが示された．

4. 酵素利用の可能性と今後の展望

　アルコール醸造やチーズ製造などの発酵分野をはじめ，食品加工分野への酵素利用は，比較的古くより使われてきている技術である[5]．特に，果汁などの製造工程では，現在でも歩留まりの向上や清澄果汁調製のために産業的に盛んに用いられている．また，基礎的な研究における細胞壁分解酵素の利用例としては，1970 年代以降に植物育種の分野で精力的に進められたプロトプラストによる細胞融合が挙げられる．

　その後，農産物を酵素によって単細胞化するという試みがなされ，高橋らは，主にペクチン質から構成される細胞間接着物質を酵素によって分解し，野菜や果実を単細胞化する手法を報告している[6]．これらの酵素中には細胞壁の主成分であるセルロースを分解するセルラーゼが含まれず，植物組織を単細胞化することができるため細胞分離酵素（cell-separating enzyme）と命名されている．この手法では，細胞を破壊することなくペースト化することができるため，風味や色合いを損なうことなく，また，栄養価を保持したまま加工することが可能とされている．

　一方，今回紹介した酵素によるペースト化は，セルロース分解酵素を含む酵素剤を用いており，植物組織を単細胞化するというよりも，セルロースおよびヘミセルロース，ペクチンなどの食物繊維を消化吸収可能なレベルにまで分解し，利用することを目的としている．このように，食品加工への酵素利用については，使用する酵素の種類や作用のさせ方を変えることで，様々な目的に利用することが可能であり，今後ますます増加することが予想される．しかし，

その一方で酵素プロセスをより確実な加工プロセスとして確立するためには，幾つかの問題もあると考えられる．

一つ目は，酵素の安全性についてである．現在使用されている食品用酵素は，麹菌や酵母，乳酸菌や放線菌など，長い食経験の中で安全性が確認されてきた微生物を用いて製造されている．食品の加工途中で使用された酵素は，多くの場合，そのまま食品中に残留することになるため，酵素自体が安全性のあるものでなければならない．また，それ以外にも，酵素剤を製造する過程での安定剤や保存料の添加，微生物培養時の培地成分の残留，微生物の代謝による新たな物質の発生などもあるため，そうしたことについても考慮する必要がある．なお，現在，既存添加物名簿収載品目リスト（平成26年1月30日最終改正）には365品目が収載されており，その内，用途が酵素となっているものは68品目である．

二つ目は，複合系酵素剤を用いる際の，目的酵素反応以外の影響である．現在市販されている酵素剤は，一部を除き，単一の酵素としてではなく，多くは様々な酵素が含まれた混合酵素剤として利用されている．微生物は培養過程において様々な酵素を生産し，その中に含まれる各酵素の比率は培養条件によっても変化する．一方で，農産物などの天然物における植物細胞壁の構造も，非常に不均一な構造をしている．例えば，セルロース分解酵素一つをとってみても，作用機序の異なるセロビオヒドローゼⅠ，セロビオヒドラーゼⅡ，β-1,4-エンドグルカナーゼの酵素が存在している．ヘミセルロースの場合，キシロース主鎖にアラビノースの側鎖が付加されていたり，キシロースの水酸基の一部にはアセチル基が修飾されていたり，その構造は非常に不均一である．微生物は，こうしたヘミセルロースを分解するために非常に数多くの種類の酵素を生産している．

食品加工における酵素反応の停止は，主に，食品の滅菌・殺菌処理と組み合わせ，高温処理による失活によって行われる場合が多い．一般的な中温性の微生物から得られた酵素は，100℃程度の熱処理に寄ってタンパク質の立体構造が変性し，酵素反応は失活する．しかし，*Aspergillus*属などが生産する酵素の中には，100℃以上の温度でも失活しない酵素があることも明らかとなって

いる．こうした酵素が酵素剤に中に含まれている場合，酵素利用をして加工したものを他の食品加工の原料とした場合，予期せぬ反応が進行する場合も考えられる．

　リンゴのペクチンはガラクツロン酸が α－1, 4－結合した多糖であり，ポリガラクツロナーゼはペクチンを分解してガラクツロン酸を生成する．しかし，ペクチン中の一部のガラクツロン酸では6位がメチルエステル化されており，こうした修飾を受けたガラクツロン酸主鎖周辺はポリガラクツロナーゼによって分解を受けにくい．アクレモセルラーゼ KM はポリガラクツロナーゼなどのペクチン主鎖を分解する酵素が豊富に含まれている一方で，ペクチンメチルエステラーゼも含まれている．この酵素はペクチン中のメチルエステル化部位に作用し，エステル結合を加水分解することで元のガラクツロン酸に変換する．その結果，ポリガラクツロナーゼが作用し易くなり，有機酸であるガラクツロン酸が豊富に生成される（図4）．こうした効果を利用して，酸を添加することなく酸度を上げた果汁調整法も報告されている[7]．その一方で，ペクチンメチルエステラーゼが作用する際に，食品成分としては好ましくないメタノールが同時に生成し，酵素処理果汁中のメタノール濃度が上昇することが明らかになっている．もちろん，リンゴ果汁調整において規制対象となる濃度ではないこと，また，加熱殺菌工程等において除去する事が可能であるが，こうした反応が起こっているということを把握しておくことは，非常に重要である．

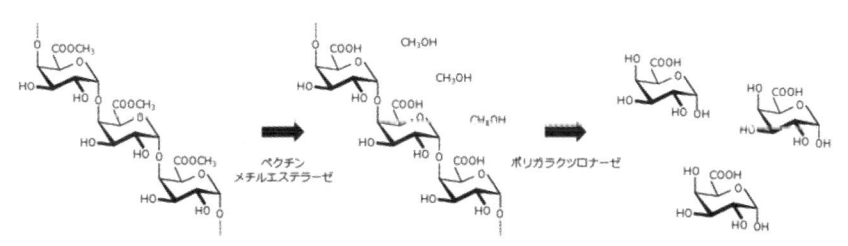

図4　アクレモニウム KM によるリンゴペクチンの低分子化機構
ポリガラクツロナーゼは，ガラクツロン酸がメチルエステル化しているとその近傍の主鎖を切り難い．しかし，ペクチンメチルエステラーゼがエステル結合を加水分解すると，効率良くペクチンを低分子化し，有機酸であるガラクツロン酸を生成することが可能となる．

　このように，複合酵素を食品加工に応用する際には，単に目的の反応だけに着目すると，その裏で起こりうる反応を見落とす可能性がある．こうしたことを防ぐためには，どのような酵素が含まれているか，それらの酵素の作用機構，さらに複数の酵素による相乗的な効果などの基礎的な研究が必要不可欠であると考えられる．こうした植物細胞壁分解酵素の関する知見は，昨今のバイオマスの有効活用に関する国内外の先鋭的な研究によって数多く報告されている．特に，ヘミセルロース分解については，セルロースの効率的な酵素分解においてキーポイントになるため，その重要性が注目されている．バイオマス分解用の酵素剤をそのまま食品用酵素剤に用いることができるわけではないが，バイオマス利用研究で蓄積されてきたデータを食品用酵素剤に反映させることは十分に可能であろう．食品化工における酵素の使用については，まだ"ノウハウ的"な部分に依存している場合が多いように感じるが，科学的に説明をできるデータを蓄積していくことが，今後の更なる酵素利用に繋がるものと考える．

　本章は，食材細胞産業推進シンポジウム ― 東京，2013 ― にて講演した内容を中心にまとめたものである．講演および本稿執筆の機会をいただいた関係各位にこの場を借りて御礼申し上げる．また，紹介した酵素利用事例のうち，「里芋のペースト化」については信州大学工学部教授　天野良彦博士，張懐元氏らと進めたものである．

参考文献

1）厚生労働省「平成22年都道府県別生命表」（平成25年2月28日公表）

2）天野良彦，水野正浩，義元孝司：マンナン類含有食材のペースト化方法及びマンナン類含有食材のペースト化剤，特許4931094　平成24年2月24日

3）T. Yamanobe, Y. Mitsuishi, and Y. Takasaki. Isolation of a cellulolytic enzyme producing microorganism, culture conditions and some properties of the enzymes. Agric. Biol. Chem., 51 (1), 65-74 (1987).

4）村島弘一郎，第21章 Acremonium cellulolyticus由来糖質分解酵素の工業化検討：バイオマス分解酵素研究の最前線 ― セルラーゼ・ヘミセルラーゼを中心として ―，近藤昭彦，天野良彦，田丸浩監修，シーエムシー出版（2012年3月）

5）毛利威徳，酵素を利用した食品，New Food Industry，26，pp.45-53 (1984)

6）高橋彗，単細胞化植物含有食品の製造方法，食品と化学，32 (1990)

7）天野良彦，松澤恒友，高野陽平，滝沢潤：酸無添加ジュースの製造方法及び流動化剤，特開2012-187098

第4章
───◆───

氷結晶制御物質（不凍タンパク質）の機能とその利用

1. はじめに

　低温環境下は生物にとって20℃以下のことである．年間を通してこの温度域に晒される地域は，現地球上の80％以上となっている．哺乳類のような恒温性動物は無関係だが，変温性動物は，必ずその温度変化とともに，体内代謝を変化させたり，低温に適応するための体内応答を起こしている．

　この低温環境下のうち，さらに凍結する状態は生物にとっては死活問題となる．多くの生物は，この凍結から身を守るために，様々な適応機構を進化の過程で獲得していった[1-3]．例えば，越冬する昆虫の幼虫などは，細胞内に糖やグリセロールのようなポリオールを大量に蓄積し，体内を凝固点降下させることによって耐凍性を獲得している[4]．このメカニズムは細胞内凍結を避ける戦略の一つであるが，細胞外凍結による氷結晶形成によって起きる細胞破壊も生物にとっては脅威である．この細胞外凍結を回避する手段の一つとして，細胞外に不凍タンパク質を生産する戦略がある[5]．しかしながら，氷結晶の発生から成長を制御する過程に関わる物質である氷結晶制御物質は不凍タンパク質だけでなく，多様な低温環境下で生育している生物が，別の機能を有した多様な氷結晶制御物質も生産している．その概要については次の項目で述べるが，筆者がまとめた総説を参考にしてほしい[6]．

2. 氷結晶制御物質とは

　氷結晶制御物質は，氷結晶の核形成および成長に関連した物質の総称である．図1に示したように，この物質は氷の核形成を促進する氷核タンパク質，核形成を抑制する過冷却促進物質（抗氷核活性物質），形成した氷結晶の成長

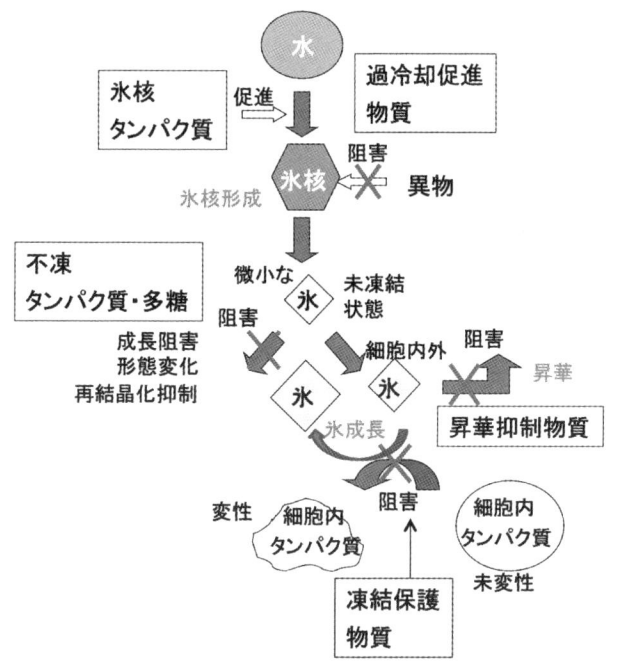

図1　氷結晶制御物質の概要図

を抑制する不凍タンパク質，長期間の冷凍時に起きる氷の昇華を抑制する昇華抑制物質である．このうち，機能的に相反するが，そのタンパク質構造の部分構造が，不凍タンパク質機能を発揮する氷核タンパク質と，針葉樹などの凍結耐性に寄与している過冷却促進物質について解説する．

　水分子が氷の核（ice nuclei）の周りに氷結晶格子の構造状に配列することから始まる．氷の核形成は大きく二つに分かれ，不均一核形成と均一核形成である．均一核形成は，水分子が - 40℃付近で氷結晶格子構造を形成し，核となる現象である．一方，不均一核形成は，水以外の異物が核となって氷形成することである．この核は，水溶液中の無機物，ほこり，有機物などであり，この不均一核形成で最も高い活性（ - 2℃）を示すものは，霜害を引き起こしている葉上の氷核活性細菌である．この氷核活性細菌は細胞表層上に氷核活性物質を分泌生産し，その物質の大部分は氷核タンパク質と呼ばれる，水不溶な高分子タンパク質である．

　この氷核タンパク質は，植物病原菌の仲間であるグラム陰性細菌4属[7]，昆虫[8]，植物[9]や地衣類[10]などによって生産されることが報告されている．この氷核タンパク質の分子サイズが120 〜 150 kDaで，高い繰り返し構造を有するR-ドメインと非繰り返し構造であるN末端ドメインとC末端ドメインで構成されている．この繰り返し構造は8個のアミノ酸で構成されたペプチドがタンデムに重合しており，2次構造としてβ-ヘリックス構造をしている．この構造は，氷結晶格子構造に類似し，水分子を結合することができる[11]．このR-ドメインは細菌の由来によって異なるが，832 〜 1280個のアミノ酸で構成されている．そのためその繰り返し構造の長さによって疎水性となる．氷結晶構造とタンパク質全体の疎水性はR-ドメインが起因するが，相反する活性である不凍活性を示すことも報告されている[12]．つまりR-ドメイン構造の一部の96アミノ酸配列を有するペプチドは，不凍活性を測定する際の氷結晶成長時に，氷結晶に結合して六角形の結晶を形成することが報告されている．この矛盾な結果は，両タンパク質は氷と結合する作用は同じであるが，氷核タンパク質は疎水性が高く，異物であるので核形成する表現型を示し，不凍タンパク質はそのまま氷結晶の成長を抑制するようになったと言える．

　図1に示した氷核形成を阻害する物質は，過冷却促進物質と呼ばれている．この物質は不均一核形成のみを阻害，つまり異物を水溶液中では異物とみなさ

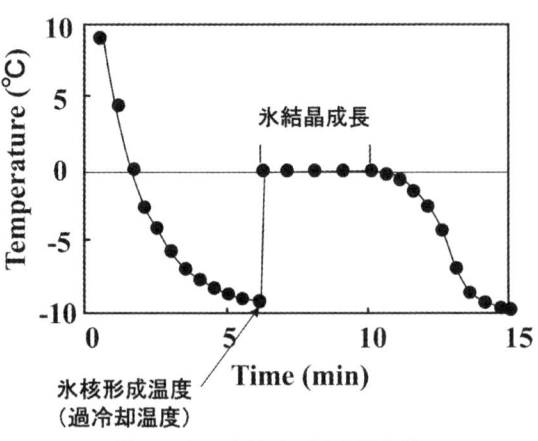

図2　水の凍結時の過冷却曲線

ない化合物である．一般的に，図2に示したように，試験管内の水溶液は一定の温度の冷媒中に置いた場合，水溶液温度は徐々に低下し，いったん過冷却状態となる．氷核が発生した時点（過冷却温度，または核形成温度）で，水溶液の温度は0℃まで上昇し，その温度で水溶液中の氷結晶が成長する．この核の発生は，異物を添加すれば高くなり，一般にヨウ化銀懸濁液を核とする．このヨウ化銀懸濁液に様々な抽出エキスなどをスクリーニングした結果，我々の研究室で，過冷却促進物質は，細菌由来の抗氷核タンパク質[13]，細菌由来の抗氷核多糖[14] などを発見している．さらに植物由来として，ヒノキの香気成分であるヒノキチオール[15] やカレーの香辛料に使われるクローブ中のオイゲノール[16] なども同活性を示すことがわかっている．我々の報告を参考にして，北海道大学の古川らは，針葉樹の木部中に存在するフラボノール糖配糖体類が同活性を示すことを発見した[17]．さらに，樹木中のタンニン重合体も同様の活性があることも明らかにしている[18]．針葉樹は極環の寒冷地域できも凍結せずに，青々とそびえたっている．このような過冷却促進物質の蓄積はこの凍結耐性機構の重要な役目を果たしている可能性もある．

3. 不凍タンパク質の分布とその機能

不凍タンパク質（Antifreeze protein：AFP）は，1969年に南極海に生息する魚（ノトセニア科）の血液中内に存在することが明らかになって以来[19]，多くの寒冷地に生息する生物種から様々な構造および機能を有する不凍タンパク質の存在が明らかにされ[20]，魚，ガ，トビムシ，線虫，甲虫の幼虫，ゴキブリ，地衣類，植物，糸状菌，細菌，酵母などに存在していることが報告されている．その物質の共通した点はいくつかある．その共通点は，AFPおよびAFP関連タンパク質が，低温になって誘導発現し，その発現は温度上昇とともに減少するという点と，さらに，その局在部位によってその生体内の機能は多少異なるが，氷と相互作用することができる繰り返し配列を有するという点などである．しかしながら，タンパク質のアミノ酸配列の相同性はまったくなく，活性からスクリーニングする必要がある．

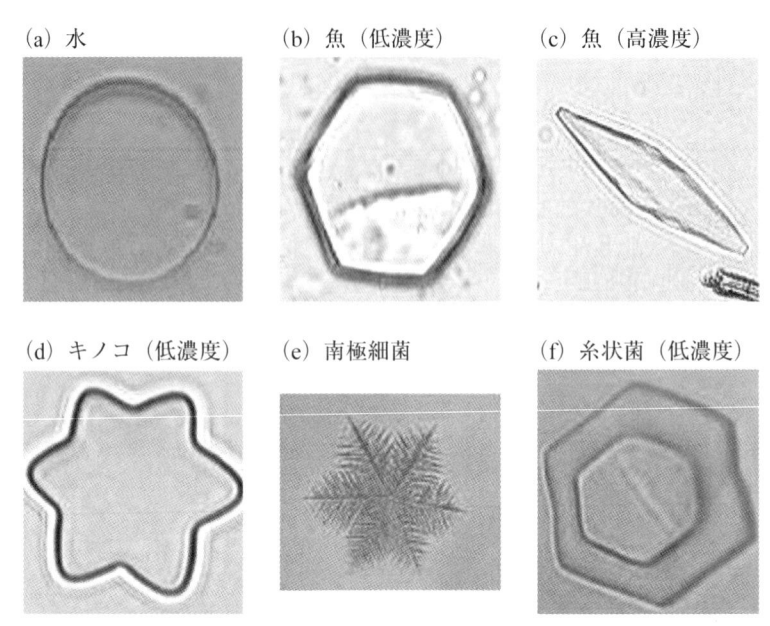

(a) 水　　(b) 魚（低濃度）　　(c) 魚（高濃度）

(d) キノコ（低濃度）　　(e) 南極細菌　　(f) 糸状菌（低濃度）

図3　様々な生物種由来の AFP の多様な氷結晶形態制御

　では，不凍タンパク質の活性は，どうであろうか？　不凍タンパク質は，大きく2つの活性を測定することで確認できる．第一に，氷のプリズム面あるいは基盤面に結合するので，その結合によって，氷単結晶の形を変形させる（図3）．この結合時に，タンパク質の結合していない面での水和を乱すことによって，更なる水分子の結合を妨げ，氷の結晶の成長を抑制する[21]．そのために，凍結点のみ低下し，融解点はそのままになる．この差を熱ヒステレシス値として測定される．我々の研究室では，この熱ヒステレシス値は，温度制御付のコールドステージ（Linkam Co.）を用いて，温度制御を行い，その氷結晶が成長するまでの時間を測定することによって熱ヒステレシス値は測定できる．

　第二に，氷に結合したタンパク質面以外は，水和を乱すので，-10℃以上の温度域で起きる氷の再結晶化を抑制する（RI 活性）ことができる．この氷の再結晶化は -10℃以上の温度域で冷凍保存させた食材や加工食品に起きている．この温度域では，すべての食品の水分が凍結しているのではなく，凍結し

ている氷の結晶の大きさが不均一，あるいは食品内の温度差によって起こる．氷結晶の大きさが小さい場合には，蒸気圧が大きい結晶より高い．そのため，小さい結晶が消滅し，その水分子が大きな氷結晶へ再度結合して，その後，氷結晶が大きくなる．その表面に結合している AFP によって，氷結晶からの水分子の昇華を抑制し，いったん自由水になった水分子の再凍結による結晶の巨大化を抑制する（図4）．最もよく使用されているアッセイ系は，sucrose sandwich splat assay である[22]．これは，2枚の薄いガラスプレート内にショ糖の最終濃度が30％になるように調製したサンプルショ糖溶液を挟んで，コールドステージ上で急速冷凍して，−6℃で保った後に，時間毎にその大きさを比較することによって活性を確認する方法である．現在，我々の研究室では，氷結晶1個当たりの面積を測定することによって，RI 値を算出し，その RI 値が0.5にする能力をもった1 ml 中のタンパク質（mg）および糖量（mg）を比活性（U/mg）とした．この評価方法によって，従来の目視による再結晶

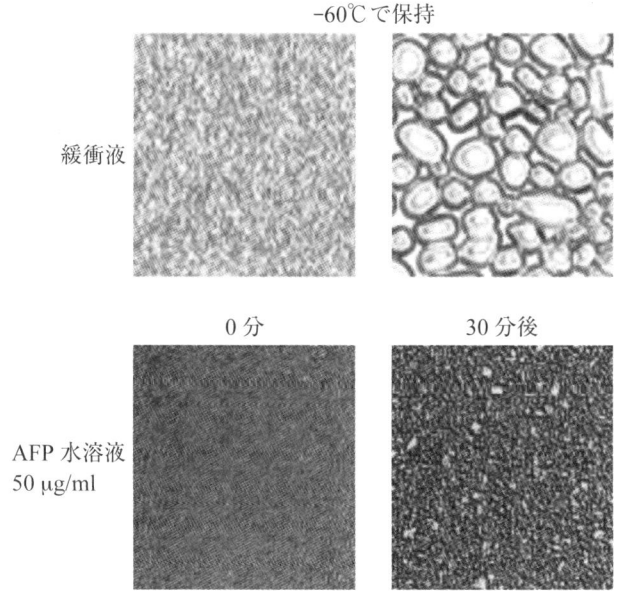

図4　AFP の再結晶化抑制活性能
Sucrose-sandwich 法によって測定

化を起こすための最低濃度の算出より，より評価しやすく，AFP を精製するための指標として，氷再結晶化抑制活性を利用できるようになっている．このように，瞬間的に凍結させた時の氷結晶の細かさ，さらに −20℃以上の温度域で必ず起きている氷再結晶化を抑制する活性は，冷凍食品の品質において十分に機能を発揮できると予測されてきた．

　そこで，我々の研究室では広く，冬野菜の不凍タンパク質の分布について検討を行った．その結果，大根に最も高い不凍活性（TH 活性）があることを発見した．そこで，市販の大根（葉付き）をスーパーマーケットより購入してきて，30℃で 1 日保存した後に，4℃で 5 から 7 週間保存して，一定時間ごとに，アポプラスト画分の成分を抽出し，得られたエキスのタンパク質量とその TH 活性を測定した．

　その結果，図 5 に示したように，大根の根菜（a）および葉（b）の低温馴化におけるタンパク質量および TH 活性の変化を確認できた．根菜においては低温馴化 4 週間で，タンパク質量および TH 活性が最大となったが，葉においては低温馴化 2 週間でタンパク質量が最大となり，4 週間で TH 活性が最大となった．この結果から，大根の根菜および葉においては，異なったメカニズムの誘導発現されていることが明らかになった[23]．大根栽培において，畑で切り落とされている葉に着目して，熱処理抽出液の活性を明らかにすることに

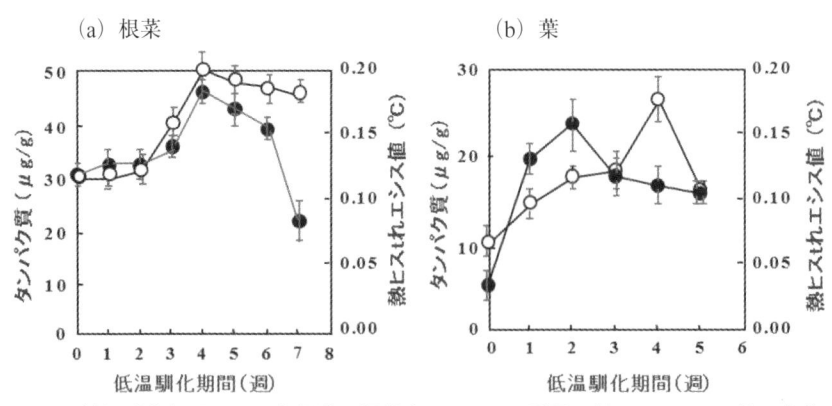

図 5　低温馴化処理による大根葉と根菜中のタンパク質量と熱ヒステレシス値の変化

した．その結果，オートクレーブ処理することによって，低分子化したペプチドにも同活性があることも判明した．しかしながら，畑で捨てられている大根葉から AFP 含有エキスを製造する場合，4 月までの大根葉にしか AFP が存在していない．このことは，年間を通しての AFP 含有エキスの製造は困難であると判断した．そこで，同じ種子より製造されているカイワレ大根に着目した．その結果，カイワレ大根エキスにも熱安定性の高い AFP を含有していることが明らかとなった．特に，TH 活性はほとんどなく，RI 活性が高い，植物由来の AFP に特有の性質を有していることが明らかになった．この発見によって，カイワレ大根エキスの製造を㈲ビック・ワールドで確立し，そのエキスの品質管理および最終商品化は㈱カネカが行い，非遺伝子組換え技術で初めて，不凍タンパク質含有エキスを安定生産供給が可能になった．この供給は 2009 年 10 月からであり，冷凍食品への応用が実現したのは 2012 年 3 月である．

4.　不凍タンパク質の冷凍食品への応用

　不凍タンパク質の応用として，発見されて以来，最も期待されているのはアイスクリームの品質改善である．アイスクリームは，多糖類などの食品添加物や油脂などの効果によって，氷再結晶化による氷結晶の巨大化を抑制している．しかしながら，油脂の添加は，アイスクリームのカロリーを増大させてしまっている．そこで，ヨーロッパの巨大企業であるユニリーバは，種々の魚由来の AFP の応用を試みた結果，魚 TypeIIIAFP によりアイスクリーム品質改善に至った．その結果，同遺伝子を *Saccharomyces cerevisiae* に形質転換し，得られた組み換えタンパク質を商品化することにした[24]．そのタンパク質を添加して，アイスクリーム中の植物油脂の添加量を軽減でき，カロリーを抑えることができることに成功している．しかしながら，日本では組換えタンパク質は使用できず，非遺伝子組換え AFP の製造技術が期待されていた．日本市場において，アイスクリームマーケットは小さく，品質の良い冷凍加工食品への用途の方が AFP の応用を期待された．

我々が開発したカイワレ大根エキス（カネカ不凍タンパク質）は，デンプン加工食品への用途性が高いことが明らかになった．この用途としては，冷凍米飯の長期冷凍保存によって起きる白ロウ化防止効果や冷凍麺などのデンプン老化抑制効果である．両効果とも，長期保存によって起きている昇華現象が原因である．AFPの氷結合能力によって，固体氷から気体へ変化することが抑制できるので，AFP添加は昇華抑制効果を発揮できる．その他，氷再結晶化抑制活性が高いAFPなので，これまでに冷凍保存できなかった卵加工製品や水産加工食品である蒲鉾などを冷凍可能にすることができた．2014年5月現在，47品目の末端商品に応用されており，今後もいろいろな商品への利用が期待されている．

現在，我々の研究室においては，カイワレ大根エキス以外の不凍活性を有する物質の工業化を目指し，研究を進めている．氷結晶制御物質のうち，初めて不凍タンパク質（AFP）を工業化したが，その他の機能を有する物質についても，応用性が広く，今後はこれら物質の産業界での実用化も進んでいくと考えている．

参考文献

1) Robinson CH, *New Phytology*, 151, 341-353 (2001).

2) Storey KB and Storey JM, *Annu. Rev. Ecol. Syst.*, 27, 365-386 (1996).

3) Thomashow MF, *Plant Mol. Biol.*, 50, 571-599 (1999).

4) Srorey KB, *Cryobiology*, 20, 365-379 (1983).

5) Duman JG, *Annu. Rev. Physiol.*, 63, 327-357 (2001)

6) Kawahara H., 'Advanced Topics on CRYSTAL GROWTH' edited by Ferreira, pp. 119-144 INTEC (2013)

7) Wolber PK, *Adv. Microb. Physiol.*, 34, 203-237 (1993).

8) Murase Y., et al., *Naturwissenschaften*, 88, 117-118 (2001).

9) Gross DC., et al., *Plant Physiol.*, 88, 915-922 (1988).

10) Kift TL, *Appl. Environ. Microbiol.*, 54, 1678-1681 (1988).

11) Gurian-Sherman D, and Lindow SE, *FASEB J.*, 7, 1338-1343 (1993).

12) Kobashigawa Y., et. al., *FEBS Lett.*, 579, 1493-1497 (2005).

13）Kawahara H., et. al., *Biocotrol Sci.*, 1, 11-17 (1996).

14）Yamashita Y., et. al., *Biosci. Biotechnol. Biochem.*, 66, 948-954 (2002).

15）Kawahara H., et. al., *Biosci. Biotechnol. Biochem.*, 64, 2651-2656 (2000).

16）Kawahara H., et.al., *J. Antibact. Antifungi. Jpn.*, 24, 95-100 (1996).

17）Kasuga J., et.al., *Cryobiology*, 60, 240-243 (2010).

18）Kuwabata C., et.al., *Cryobiology*, 67, 40-49 (2913).

19）DeVries AL, and Wohlschlag DE, Science, 163, 1073-1075 (1969).

20）Cheng CHC., *Curr. Opin. Genet. Dev.*, 8, 715-720 (1998).

21）Nutt DR , and Smith JC, *J. Am. Chem. Soc.*, 130, 13066-13073 (2008).

22）Smallwood M, et. al , *Biochem J*, 340, 385-391 (1999).

23）Kawahara H., et .al., *Cryo. Letters*, 30, 191-131 (2009).

24）Driedonks RA, et.al., *Yeast*, 11, 849-864 (1995).

第5章
◆

機能性食品素材としてのキノコの利用

はじめに

　キノコ（菌類）は，人に恩恵を与えるだけでなく様々な面を持っている．一般には，キノコ類は食用キノコ，薬用キノコ，毒キノコといった区分けになるが，その中で私たち人間にとって欠かせない食料（食材・機能性食品素材）というだけでなく，分解者として硬い樹木を分解する役割や，菌根性のキノコは樹木との共生者として，その成長を助ける役割を果たしている．そのようにユニークな素材であるキノコは，古くから伝承的に漢方の一部として用いられ，科学技術が進歩した昨今ではキノコは医療素材として注目されている．特に，本稿ではキノコの生活環で大きく二つに分けた，菌糸体と子実体（キノコ）を微生物細胞の利用として菌糸体の培養条件を含め紹介する[1]．また，予防医学の観点からキノコ（菌糸体）の利用について，各種機能性の研究成果から抗酸化作用[2,3]，アレルギー改善作用[4-8]，脳血管障害の予防・改善作用[9-11]，メタボリックシンドロームに対する改善作用[12,13]，インフルエンザウイルスに対する予防作用[14,15]などの最先端な研究手法を用いた成果を報告する．

　最後に，キノコの利用については産業廃棄物であるコーヒー抽出滓を用いたキノコ栽培化事業[16]への取り組みの経緯から加工方法も含めた食材，機能性食品素材への開発を紹介する．ここでいうキノコの機能性食品素材としての概念は，わが国で昭和59〜61年の文部省特定研究「食品の機能の系統的解析と展望」[17]で提示された，各種機能の中で食品にはカロリーなどの栄養面での働き（一次機能），嗜好面での働き（二次機能）のほかに，人間の生理機能を活性化させる働き（三次機能）をもっており，このような三次機能を効率よく発現できるよう設計した食品を「機能性食品」としており，本章でのキノコの「機能性食品素材」＝「機能性食品」として理解して頂きたい．

1.　キノコの利用

キノコは大きく分けてキノコの生活環（図 1）[18] で示した栄養成長期の菌糸体と生殖成長期の子実体（キノコ）の二つに大別できる．日本では昭和初期に椎茸の原木栽培が行われ，昭和 40 年代からはオガクズ，米糠を用いた菌床栽培が盛んに進められてきた[19]．いわゆる食材としてのキノコ栽培化の流れである．また現在では，エノキタケをホモジナイズし熱処理した簡易的な加工方法で「エノキ氷（図 2）」などの加工品が流通している．それに対し，大規模な装置を用いたキノコ菌糸体の大量培養方法（図 3）が開発され，抗癌剤としての「クレスチン：カワラタケ菌糸体」「シゾフィラン：スエヒロタケ培養代謝物」が発明された経緯がある．この培養タンクを用いた大量培養法は安定的に有効成分を産生させるための重要な手法であると考えられている．近年，栽培が困難とされるサルノコシカケ科のメシマコブ[20-28] や冬虫夏草[12, 13] などの菌糸体を用いた大量培養法が開発され機能性食品素材として市場に流通している．

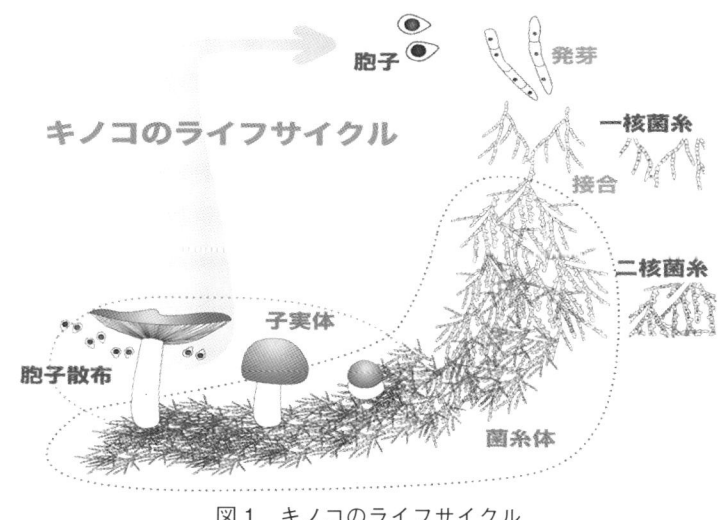

図 1　キノコのライフサイクル

エノキタケ　　　　　　　　　　　エノキ氷

図2　キノコの加工：エノキタケからエノキ氷
（画像：JA 中野市提供）

キノコ培養菌糸体（45 日間培養）　　大型培養タンク（1 t × 20 基，5 t × 10 基）

図3　キノコ培養菌糸体と大型タンク培養装置

2. キノコの加工法

　通常のキノコは生の状態で市場に流通し，家庭の食卓に食材として利用されている．そのなかで，機能性食品素材の面を考慮した干しシイタケのパウダー（シイタケ茶）などの加工方法が考えられてきた経緯がある．特に，キノコは食物繊維，タンパク質，遊離アミノ酸，ビタミンなどを豊富に含み低カロリー，高タンパクな食材であり，加工することで機能性食品素材としての価値が高いと考えられる．これらキノコの加工方法は大きく分けて三種類があり，①キノコをそのまま乾燥し，粉砕する方法，②生キノコもしくは乾燥キノコを高温で抽出し，エキス化もしくは濃縮乾固する方法，③生キノコをホモジナイ

ズし，煮沸した後に凍結する方法（エノキ氷）になっている．各種加工方法は
最終の製品化を考慮した形態で仕上げる工夫がとられている．

3．キノコ菌糸体の利用方法

　菌糸体の利用は大きく分けて二種類があり，大型タンクを利用した液体培養
法および固形培地に菌糸体を蔓延させたものを抽出する方法がある．ここでは
液体培養法に焦点をあて，固形培地についてはコーヒー抽出滓を利用したキノ
コ栽培，機能性食品素材の開発の項で詳しく説明する．液体培養法では自然界
のキノコを採取し，組織分離することでキノコ菌糸体を純粋培養する手法（図
4）になる．キノコ菌糸体の培養に必要な栄養素としては炭素源，窒素源，ミ
ネラルなどを選択し，至適 pH，至適温度を決めることが重要になる．一例と
して，メシマコブ菌糸体の培養条件（表1）を記載するが，窒素源として有機

A．野生キノコの獲得

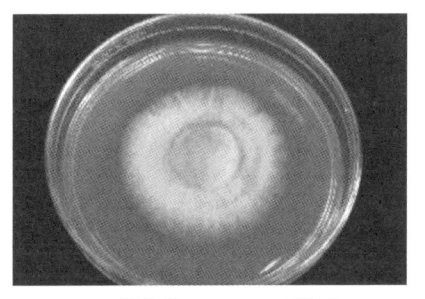

B．菌糸体コロニーの確認

C．菌糸体の大量培養

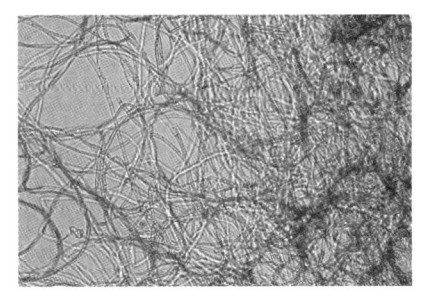

D．顕微鏡で菌糸体を確認

図4　キノコ遺伝子資源の獲得と培養の流れ（A → B → C → D）

表1　メシマコブ液体培地の組成

グルコース	40 g
イーストエキス	3 g
ポリペプトン	3 g
リン酸水素二ナトリウム	0.5 g
リン酸水素一カリウム	0.5 g
蒸留水	1,000 ml
pH	5.5

窒素系のイーストエキス，ポリペプトンを用いることが菌糸体生育に重要であることが示唆されている[20]．培養は30～50日程度行い，培養終了時に菌糸体と培養濾液に分別し，エキス化したものをドリンクまたはスプレードライもしくはフリーズドライ加工することで顆粒状や打錠の機能性食品素材化を行う．

4．子実体（キノコ）と菌糸体の化学成分の違い

　参考例として，サルノコシカケ科のメシマコブにおける子実体と菌糸体の化学成分を表2に示す．菌糸体は子実体に比べてタンパク質と脂質が高い値を示した．それに対し，子実体では炭水化物と食物繊維が高い値を示していた．この結果は，当研究所での実験結果であり，硬質系キノコの子実体と菌糸体を比較した場合には「硬質系キノコの子実体はタンパク質の含有量が低い値であり，炭水化物および食物繊維の含有量は高い値を示す傾向がある点」また「それらの菌糸体を液体培養した際には，タンパク質の含有量が高くなり，反対に炭水化物と食物繊維の含有量が低くなる点」で一致していた．

　近年，各キノコにおけるひとつの活性成分の指標としてβグルカン量

表2　メシマコブの子実体と菌糸体における化学成分

	子実体	菌糸体	測定方法
水分	3.9	3.6	常圧加熱乾燥法
タンパク質	7.1	32.1	ケルダール法
脂質	0.9	3.9	酸分解法
灰分	2.4	4.3	直接灰化法
炭水化物	85.8	56.1	他成分の合計値から算出
食物繊維	83.9	37.1	酵素－重量法
βグルカン	22.83	19.13	酵素法

単位（g /100 g）

が測定されている．そこで子実体と菌糸体のβグルカン量の測定データにおける比較を行ったところ，メシマコブは他のキノコ類に比べて子実体（22.83 g/100 g）と菌糸体（19.13 g/100 g）ともにβグルカン量が高い値を示した．この数値はあくまでも指標であり，この中で有効性を示すグルカンがどの程度存在するかは確認されていないことも事実である．

以上の結果から，キノコの種類の違いや各ステージである栄養成長段階と生殖成長段階での違い，また培養基の変化により化学成分が異なることが証明されている[26]．また，ここでは触れていないが安定的に有効成分を産生するためには液体培養法が適しており，さらにキノコ種による最適な培養条件を決めることで機能性食品素材の開発が優位に進めることができると考えている．

5. 菌糸体の機能性研究

キノコ菌糸体はカビなどに比べて安全性が高い素材であると考えられる．特に，食用キノコや薬用キノコは伝承的に食経験があり，それらのキノコを用いた菌糸は安心・安全な素材だといえる．しかしながら，昨今の食物アレルギー問題などからも，そばやエビ，カニなどの食材であっても100％の安全な食材などはないといえるので，最新の注意を払ったなかで安全性試験を含めた素材開発を進めて頂きたい．また，ここでは最新の機能性研究で発見した数種のキノコを紹介し，幾つかの有効性を報告させて頂こうと考えている．

キノコは免疫系に作用することが確認されており，特に感染研との共同研究で人体への自然免疫を高める作用を持ったキノコを発見している[14, 15]．また，抗酸化作用の研究を進めた結果，いくつかのキノコ菌糸体に高い抗酸化作用（図5）を示すものがあることも見いだした[24]．単離，精製を進めた結果，ビタミンCの二倍強の抗酸化能（スーパーオキシド消去活性）を示す活性成分：コーヒー酸（図6）を発見した[3]．

また，抗アレルギー作用を示すアデノシンおよびアデノシン類縁体：N-Hydroxy-N-methyl-adenosine（図7）の発見[24]，インフルエンザワクチンに対するアジュバント作用[14, 15]，さらには脳虚血疾患モデルラットを用いた

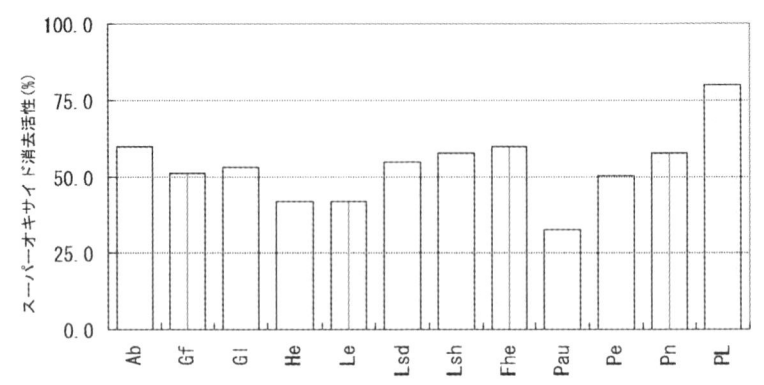

図5　各種キノコ菌糸体培養成分における抗酸化活性（スーパーオキサイド消去）の比較

Ab：ヒメマツタケ，Gf：マイタケ，Gl：マンネンタケ，He：ヤマブシタケ，Le：シイタケ，Lsd：ハタケシメジ，Lsh：ホンシメジ，Fhe：カンゾウタケ，Pau：ヌメリスギタケモドキ，Pe：エリンギ，Pn：ナメコ，PL：メシマコブ

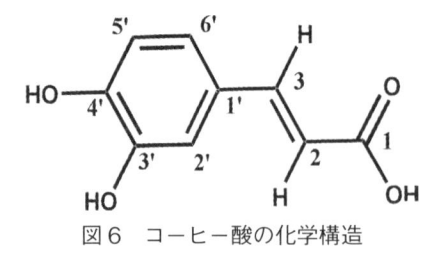

図6　コーヒー酸の化学構造

試験で脳梗塞領域を約70％抑制した研究成果（図8）[9, 10]から脳血管障害の予防・改善作用を示すキノコ菌糸体を発見している．各種キノコ菌糸体の薬理活性の強弱傾向としては，図9（中村理論）で示したシイタケ，マツタケなどの軟質系キノコは栄養的な利用価値は高いが薬理効果は低く，サルノコシカケ科系のメシマコブ，マンネンタケ（霊芝），カバノアナタケ（チャーガ）[29]，冬虫夏草（サナギタケ）などの硬質系キノコは薬理効果が高い傾向であり，中間的なマイタケ，ハナビラタケ，ヤマブシタケ[30, 31]，ブナハリタケなどのキノコ（傘の裏に管孔があり，肉質もやや硬め）は軟質系キノコと硬質系キノコの両者の良い面を持ったキノコ素材であると考えられる．これらの点から，各種機能性を調べてみると，自然免疫を高めるキノコ：メシマコブ[14, 15]，マイタケ，白色脂肪細胞の分化抑制：冬虫夏草[12, 13]，認知症の改善効果：ヤマブシタケ[11]，脳血管障害の予防改善作用：メシマコブ[9, 10]，血圧降下作用：ブナハリタケ[32]などがあげられ，今後のキノコ研究を進める中で

本理論がひとつの指標となれば幸いである.

図 7　アデノシンと *N*-Hydroxy-*N*-methyl-adenosine の構造

コントロール区

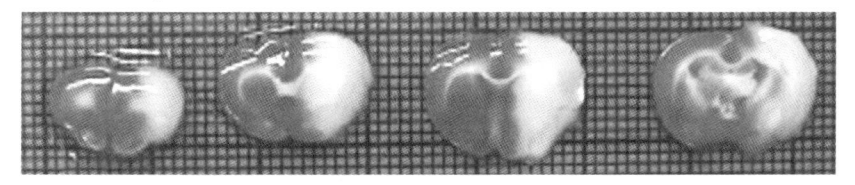

キノコ菌糸体成分投与区

図 8　キノコ菌糸体成分投与による脳虚血疾患モデルラットへの効果

図9　各種キノコ菌糸体の薬理活性（中村理論）

6. コーヒー抽出滓を利用したキノコ由来素材

　輸入原料で，飲用物であるコーヒー由来原料は安心，安全な素材であり，放射性元素（セシウムなど）を吸収しやすい特性をもつキノコ類にとっては安全面において最も興味深い培地素材である．本来，キノコ栽培用の培地はオガクズであるが，安価な原料としてコーンコブ（トウモロコシの芯の部分）などにも利用されている．筆者はコー

図10　コーヒー抽出滓培地を用いたシイタケ発生

ヒー豆の抗菌成分（カフェイン，クロロゲン酸など）を除いたコーヒー抽出滓に注目し，キノコ培地への有効活用法を確立した．特に，コーヒー抽出滓には脂質成分が多く，キノコ菌糸体の培養および収量性に対して良好な結果を示す可能性があると考えた．また，コーヒー抽出滓のキノコ栽培化への利用としては，シイタケ，ヒラタケでの栽培（図10）に成功している．さらに，菌糸体の利用としてコーヒー抽出滓と栄養素の米糠を添加した固形培地において，マンネンタケ（霊芝）菌糸体の培養を行ったところ，菌糸蔓延後の培地中にガノデリン酸，エルゴステロールなどのステロイド系成分が産生することを見いだした．この発見から，マンネンタケ菌糸体が蔓延した固形培地から成分を抽出し，機能性食品素材を開発する試みにも成功している．

総括および展望

　今回，機能性食品素材としてのキノコと菌糸体について紹介したが，実際にはキノコ（菌類）は食，健康（予防医学），環境（物質循環）などの多岐にわたる面で重要な位置付けを担うと考えられる．そのなかで，安定的に大量培養が可能な菌糸体や産業廃棄物を利用したキノコ（子実体）である微生物細胞の

有効利用により，我々人間にとって予防効果を持った機能性食品素材を開発することで日本国内の医療費負担の軽減を図ることができればと考えている．また，キノコ類は2015年4月に施行される「機能性表示制度」でも注目される素材になることが考えられ，安全性とさらなる科学的な裏付け（エビデンス）を蓄積することで新たな機能性食品素材の開発が進むことを期待している．

　近年，未病という概念が理解され始めており，そのなかで未知の部分が多いキノコ類は，今後研究が進む中で新たな利用方法が発見，開発され，病気になる前の予防・改善に効果を示す素材として近い将来において活用されることを望んでいる．

参考文献

1 ）中村友幸（2009），日本きのこ学会，17（4），137-144.

2 ）T. Nakamura., *et al.* (2002), *J Photoscience*, 9, 421-423.

3 ）T. Nakamura., *et al.* (2003), *Int J Med Mushr*, 5, 163-167.

4 ）中村友幸，秋山幸人（2003），アレルギー反応抑制剤，日本特許，第3480926号.

5 ）T. Nakamura., *et al.* (2004), *Mushroom Sci Biotechnol*, 12, 17-22.

6 ）N. Inagaki, T. Nakamura., *et al.* (2005), *eCAM*, 2, 369-374.

7 ）清水隆雪，中村友幸ら（2005），薬学雑誌，125, 226-229.

8 ）中村友幸ら（2007），アレルギーの臨床，359, 74-77.

9 ）S. Suzuki, T. Nakamura., *et al.* (2009), *eCAM*, Article ID 326319, 7pages.

10）中村友幸ら（2013），脳梗塞障害の予防又は治療剤，日本特許，第5313470号

11）鈴木定（2008），治療，南山堂，90, 1627-1630.

12）T. Shimada, T. Nakamura., *et al.* (2008), *Am J Physiol Endocrinol Metab*, 295, 859-867.

13）S. Takahashi, T. Nakamura., et. al (2012), *Br. J. Pham.*, 167, 561-575.

14）T. Ichinohe, T. Nakamura., *et al.* (2010), *J Med Virol*, 82, 128-137.

15）中村友幸，秋山幸人，国立感染症研究所長（2013），インフルエンザウイルスの不活化抗原に対するアジュバント，及び分泌型IgA抗体誘導剤，日本特許，第5272129号.

16）中村友幸ら（2010），キノコの人工栽培方法，及びガノデリン酸類の製造方法，日本特許，特願2010-209946（申請中）

17）澤岡昌樹（1997），食品素材と機能，CMC出版，1-11.

18）菅原龍幸（1997），キノコの科学，朝倉書店，23-28.

19）川合正允（1988），きのこの利用，築地書館，10-45.

20）中村友幸ら（2000），日本菌学会誌，41, 177-182.

21）T. Nakamura., *et al.* (2002), *Mycoscience*, 43, 443-445.

22）中村友幸（2003），メシマコブの遺伝子解析と各種薬理作用，FOOD Style 21, 9, 84-87.

23）T. Nakamura., *et al.* (2004), *Biosci Biotechnol Biochem*, 68, 868-872.

24）中村友幸（2004），メシマコブ菌糸体における各種薬理作用，東洋医学舎，16, 52-59.

25）T. Nakamura., *et al.* (2005), *Int J Med Mushr*, 3, 436-437.

26）中村友幸，河岸洋和（2005），きのこの生理活性と機能，CMC出版，228-238.

27）中村友幸，河岸洋和（2008），食品機能性の科学，産業技術サービスセンター，708-712.

28）M. Mukai, T. Nakamura., et al (2008), *Biol Pharm Bull.*, 31, 1888-1893.

29）中村友幸（2005），きのこの生理活性と機能，CMC出版，107-115.

30）H. Kawagishi, T. Nakamura., *et al.* (2006), *Tetrahedron*, 62, 8463-8466.

31）中村友幸ら（2010），シアタン誘導体及びこれを有効成分とする抗菌剤，日本国特許，第4551993号.

32）佐藤拓（2008），特集 機能性に富むおいしいきのこの魅力，農林水産技術研究ジャーナル，農林水産技術情報協会，31（9），40-43.

マスト細胞の科学と食品科学への応用

1. はじめに

　マスト細胞はいろいろな血液細胞と同様にそのもとになる多能性造血幹細胞から分化する．しかし，他の多くの血液細胞が骨髄で分化して成熟するのに対して，マスト細胞は未分化のまま骨髄を離れて皮膚の結合組織や消化管粘膜組織に侵入してから完全に分化する（図1）．本章では，マスト細胞がアレルギー反応の発症に関与することを概説し，このマスト細胞の反応を抑制することによりアレルギー反応を抑える可能性をもつ成分について述べる．

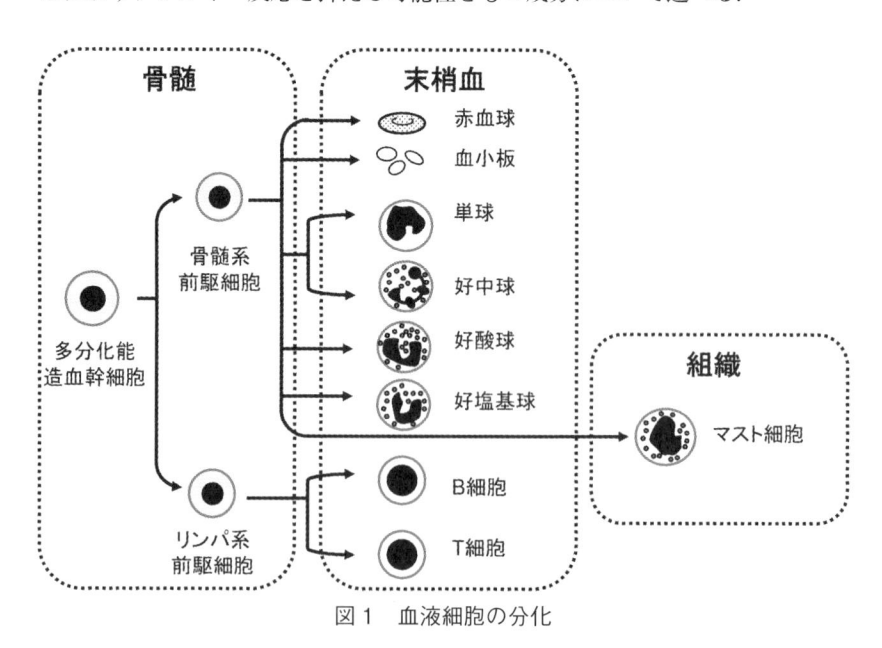

図1　血液細胞の分化

2. アレルギー反応とは

　近年我が国では食物アレルギー，花粉症，アトピー性皮膚炎や気管支喘息など即時型アレルギー性疾患に罹患する人が増加の一途をたどっている．アレルギー性疾患にかかると日常生活に多大な影響を及ぼすのでその対策は急務である．マスト細胞はこれらのアレルギー性疾患の基礎となる即時型アレルギー反応の発現に必須の細胞である[1]．マスト細胞の表面には免疫グロブリン E（IgE）に対する高親和性の受容体が発現している[2]．食物，花粉，ダニなどに由来する抗原が IgE を介して高親和性 IgE 受容体に結合すると IgE 受容体が架橋されて，マスト細胞は細胞質内の好塩基顆粒を放出する（脱顆粒反応）[3]．この好塩基顆粒に含まれているヒスタミンやセロトニンなどの生理活性物質が作用することにより，即時型アレルギー反応が起こるのである（図2）．

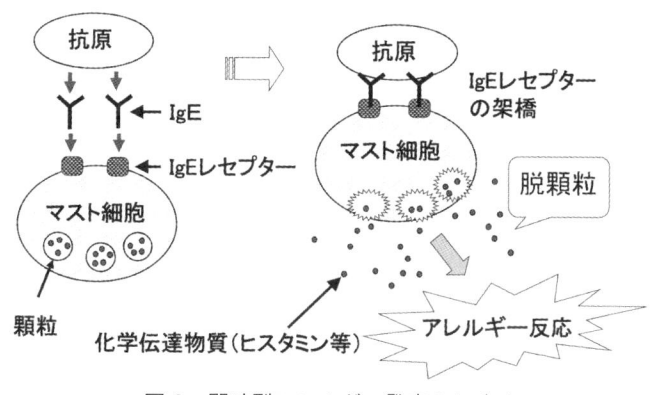

図2　即時型アレルギー発症のしくみ

3. マスト細胞の脱顆粒反応を抑制する物質

(1) 植物からの抽出物を用いた場合

　我々はアレルギー発症にはマスト細胞の脱顆粒が必須であることに着目し，脱顆粒を抑制する効果のある物質を探索することにした．まずいろいろな植物の葉，根，茎，花，種子などから抽出物を得て，これらをサンプルとして実験を行うこととした．用いた植物は，ガラナ，カリン，クコ，サマーセイボリー，モモ，ヨモギ，ローズヒップ，ローズマリーなどである．これらのサンプルを破砕して，含水エタノールで抽出し，凍結乾燥後に，エタノールまたはジメチルスルホキシド（DMSO）で溶解して用いた．

　これらのサンプルがマスト細胞の脱顆粒を抑制する効果があるかどうかについて検討した．マスト細胞株としてはラット好塩基球性白血病細胞である rat basophilic leukemia (RBL)-2H3 細胞を用いた．マスト細胞の脱顆粒を誘導するために細胞をカルシウムイオノフォア（A23187）で刺激する方法を用いた．A23187 は細胞にカルシウムを流入させて脱顆粒を起こさせる試薬である．脱顆粒の程度は，顆粒に含まれている β – ヘキソサミニダーゼという酵素の遊離量を測定して調べた．サンプルは細胞に A23187 を加える前に添加する．サンプルに脱顆粒抑制活性があれば β – ヘキソサミニダーゼの遊離量が減少するので，その程度を調べる．β – ヘキソサミニダーゼ遊離阻害率の計算方法は以下に示す．

　　　β – ヘキソサミニダーゼ遊離阻害率（％）＝
　　　（1 – サンプル添加時の遊離率／サンプル非添加時の遊離率）× 100

　いろいろな植物の抽出物の脱顆粒抑制効果を調べた結果を表 1 に示す．IC_{50} とは 50% の脱顆粒抑制率を示すサンプルの濃度である．この値が小さいほど脱顆粒抑制効果が高いことを示している．この結果からガラナ種子抽出物が RBL–2H3 細胞の脱顆粒を最も強く抑制することがわかった[4]．つぎに，ガラナ種子抽出物が RBL–2H3 細胞の生存率に与える影響を MTT アッセイ法で調

表1　植物抽出物によるマスト細胞の脱顆粒抑制効果

サンプル名	IC$_{50}$ (μg/ml)
ガラナ	119
カリン	154
ヨモギ	260
ローズマリー	370
サマーセイボリー	554
クコ	inactive
モモ	inactive
ローズヒップ	inactive

べた．その結果，脱顆粒を抑制する濃度ではガラナ種子抽出物は RBL-2H3 細胞の生存率に対して影響を与えないことがわかった[4]．これらのことから，ガラナ種子抽出物がマスト細胞を死滅させて，その結果として脱顆粒の抑制が起こるわけではないことが示された．マスト細胞の脱顆粒が抑制されるメカニズムとしては，細胞内情報伝達に対するガラナ種子抽出物の影響などが考えられるので，今後はこの点について調べる必要がある．

　また，生体内でもガラナ種子抽出物がアレルギー反応を抑制するかどうかを調べるために，受身皮膚アナフィラキシー（PCA）反応を用いた実験を行った．PCA 反応とは，マウスの耳の皮膚をあらかじめ IgE 抗体で受動感作した後，抗原を投与して誘発される皮膚局所のアレルギー反応である（図3）．抗原投与時にエバンスブルーなどの色素をマウスの尾静脈から注射しておくと，マスト細胞の脱顆粒による皮膚血管の透過性亢進による色素の漏出が起こる．その漏出した色素の量を測定することによりアレルギー反応の程度を判定すること

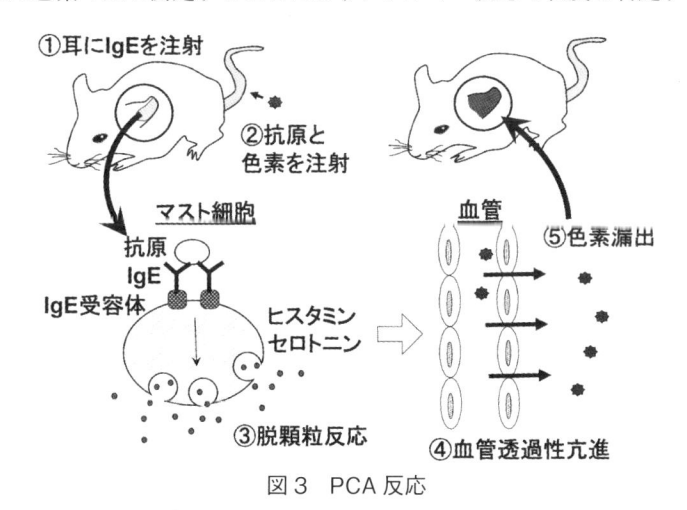

図3　PCA 反応

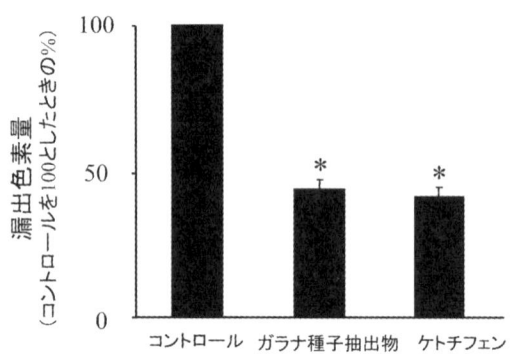

図4 ガラナ種子抽出物が PCA 反応に与える影響

ができる．ガラナ種子抽出物が生体内においてもマスト細胞の脱顆粒を阻害するならば，この作用機序によりマウスの PCA 反応を阻害すると考えられるので，PCA 反応に対するガラナ種子抽出物の影響を検討した．その結果，ガラナ種子抽出物を 1,000 mg/kg 経口投与すると何も投与しない場合に比べて漏出色素量が著しく減少した（図4）．陽性コントロールであるケトチフェンは脱顆粒をガラナ種子抽出物と同程度に抑制していた．このことはガラナ種子抽出物は生体内においてもアレルギー反応を抑制することを示している．

(2) β-1,3-1,6- グルカンを用いた場合

最近，β-1,3-1,6- グルカンが抗腫瘍効果，抗ストレス効果などを示す物質として注目されている [5,6]．β-1,3-1,6- グルカンは D- グルコースが β- 結合により多数繋がった高分子で，多糖類に分類される食物繊維の一種である．含有している食品にはきのこ類・酵母類や穀類などがある．グルコースが α- 結合したデンプンと異なり，食べても胃腸で分解・消化されにくく，腸に多数存在している免疫担当細胞に働きかけ，抗腫瘍活性や免疫増強作用を示すと言われている．

我々は，黒酵母 Aureobasidium pullulans 由来の β-1,3-1,6- グルカンの抗アレルギー効果について調べた．黒酵母由来の β-1,3-1,6- グルカンの構造を図5に示す．まず，マスト細胞の脱顆粒を抑制するかどうかについて RBL-2H3 細胞を用いて調べた．その結果，β-1,3-1,6- グルカンは 500 μg/

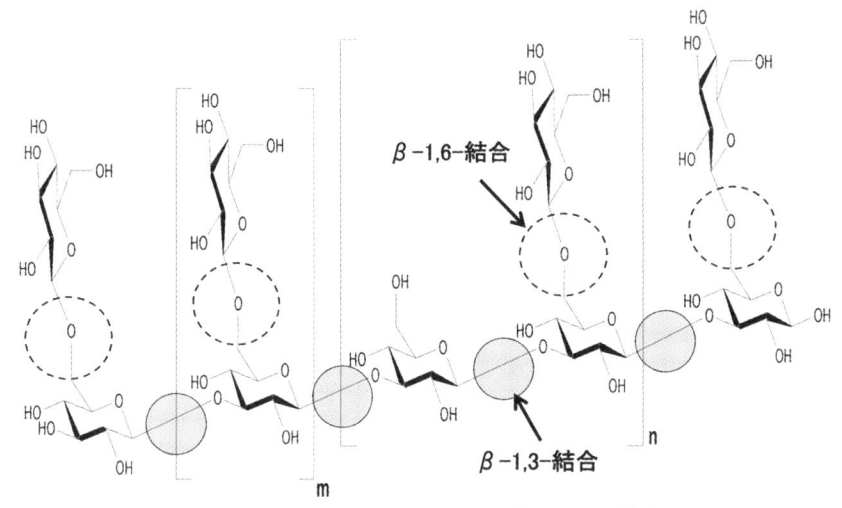

図 5 黒酵母由来 β - 1,3-1,6- グルカンの構造

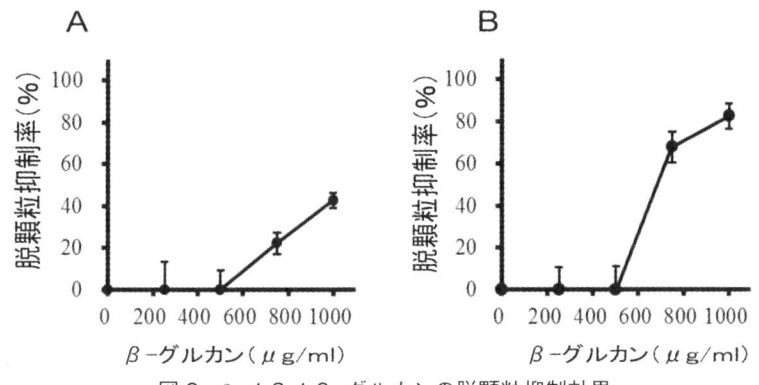

図 6 β -1,3-1,6- グルカンの脱顆粒抑制効果
A：RBL-2H3 細胞，B：培養マスト細胞

ml 以上の濃度で濃度依存性に脱顆粒を抑制することがわかった（図 6A）[7].
さらにマウスの骨髄細胞をインターロイキン 3 の存在下で 4 週間培養するこ
とによって得られる培養マスト細胞についても調べると，同様の結果が得られ
た（図 6B）. つぎに，これらのマスト細胞の生存率に対する β -1,3-1,6- グル
カンの影響を調べた. その結果，マスト細胞の脱顆粒を抑制する濃度ではいず
れの細胞においても β -1,3-1,6- グルカンは細胞の生存率に対して影響を与え

ないことがわかった．これらのことより，β-1,3-1,6-グルカンによってマスト細胞が死滅して脱顆粒抑制が起こっているのではないことを示している．さらに，前述のPCA反応におけるβ-1,3-1,6-グルカンの効果を調べた．その結果，150 mg/kgのβ-1,3-1,6-グルカンを経口投与すると色素漏出量の有意な減少がみられ，マウスにおいてPCA反応を抑制することがわかった[7]．これらのことから，黒酵母由来β-1,3-1,6-グルカンが，マスト細胞の脱顆粒を抑制し，生体に対しても抗アレルギー作用をもつことが示された．

　黒酵母由来のβ-グルカンは急性および慢性毒性試験，皮膚・眼粘膜に対する刺激試験，ヒトパッチ試験などもクリアしており安全性が証明されている．また，既存添加物（用途：増粘安定剤）として厚生労働省から認可されており，将来的なヒトへの応用が期待される．

　　4．おわりに

　以上のように，アレルギー反応におけるマスト細胞の役割に着目して，その作用を抑制すること，具体的にはマスト細胞の脱顆粒反応を抑制することに着目して抗アレルギー作用を有する成分を探索することは，きわめて有用であると考えられる．

　　謝　辞

　本研究を遂行するに当たり，植物サンプルを提供していただいた長岡香料株式会社の杉本圭一郎先生，および，β-1,3-1,6-グルカンを提供していただいたダイソー株式会社の鈴木利雄先生に深くお礼申し上げます．また，本研究は，日本学術振興会の科学研究費（24501012, 25750064）およびIGAバイオリサーチ株式会社からの研究費によって行われました．

参考文献

1 ）Stevens RL et al: Immunol Today, 10, 381 (1989)

2 ）Metzger H et al: Ann Rev Immunol, 4, 419 (1986)

3 ）Galli SJ et al: Prog Allergy, 34, 1 (1984)

4 ）Jippo T et al: Biosci Biotechnol Biochem, 73, 2110 (2009)

5 ）Kimura Y et al: Anticancer Res, 26, 4131 (2006)

6 ）Kimura Y et al: J Pharm Pharmacol, 59, 1137 (2007)

7 ）Sato H et al: Biosci Biotechnol Biochem, 76, 84 (2012)

第7章
◆
有毒アオコ産成ミクロキスチンの灌漑水域における水生動植物および農作物に及ぼす影響評価と保全対策

1. はじめに

　世界規模で進行している環境問題は，現在，地球温暖化をはじめとして存在しているが，中でも水圏を主たる対象とする分野で非常に問題視されているのが，湖沼やため池，内湾等の閉鎖性水域において依然として発生している富栄養化問題である．これは，生活排水や産業排水，農業排水等の点源負荷および農地等からの面源負荷に含まれる，窒素，リン等の栄養塩類が閉鎖性水域へ流入し，そこに蓄積し，過剰に栄養物質が存在することが原因である[1]．日本の湖沼における全窒素，全リンの環境基準の達成率は近年20年間において30〜50％で推移しており，海域と比較して改善されていないのが現状である[2]（図1）．富栄養化に伴い発生する環境問題の中でも，特に湖沼，溜池等の淡

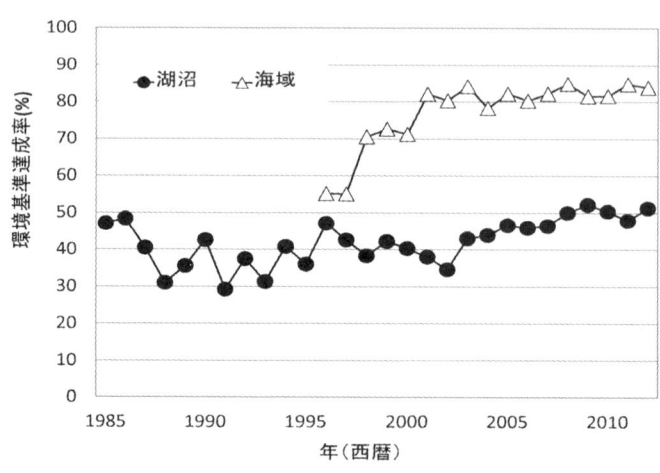

図1　日本の窒素，リン環境基準達成率の推移
環境省平成24年度公共用水域水質測定結果[2] 参照

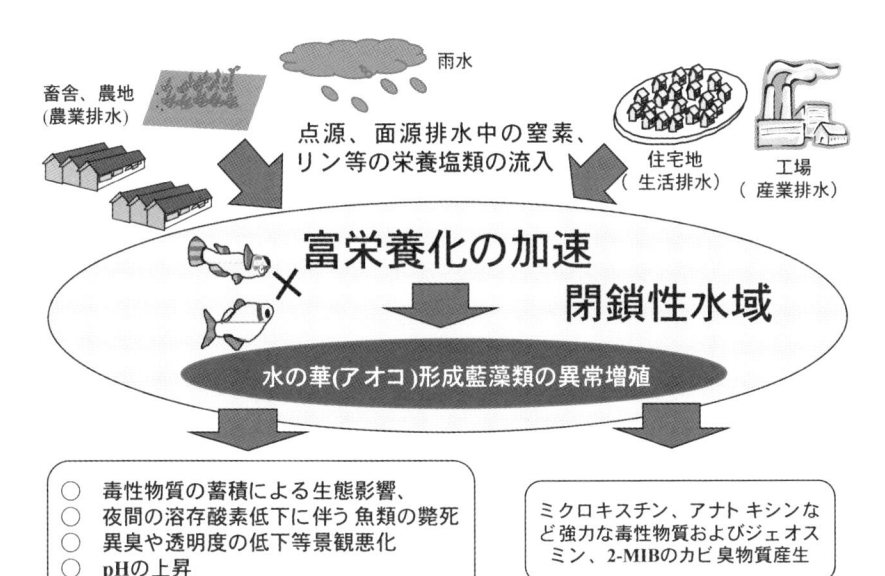

図2 富栄養化に伴う植物プランクトンの形成
稲森悠平ら 月刊食品工場長 改変 [4]

水，汽水域では通称「アオコ」と呼ばれている，植物プランクトンである藍藻類の異常増殖の誘発が問題とされている [3]．アオコの異常増殖によって pH の上昇，溶存酸素の低下，魚貝類等の大量斃死，悪臭，浄水過程での濾過障害を招き，解決すべき課題とされてきている [4]（図2）．特に，水の華と呼ばれるブルームを形成する藍藻類の中でも異臭味物質，毒性物質を産生する種が存在している [5,6]．これらの問題によって，富栄養湖から水道原水として取水している地域において給水制限されることがある [7]．近年では五大湖の一つエリー湖でアオコの発生による水利用制限がなされた．この有毒藍藻類の産生する異臭味物質や毒性物質は我々人間に対しても作用し得るものである．

一方で多くの地域では農作物の生産に湖沼，溜め池等に由来する農業灌漑用水の供給は必要不可欠とされており，有毒アオコの発生する閉鎖性水域から農業用水として利用されている所は全国各地で見られる [8]．これらの水域から灌漑された農業用水中に含まれるアオコ産生毒によってヒトや動物等へ影響を及ぼすことが懸念されている．それ故，農業生産において農作物の安全性を確保

することは極めて重要な要因である．現在において灌漑用水中のミクロキスチンを蓄積している農作物等植物を摂食することによるヒトへの被害は報告がなされていないが，食の安全性を考慮するとこれらの影響について，解明していくことが重要な位置づけにある．本書では，水利用，農業生産の未解明な問題を解明する上で必要とされる有毒アオコ発生取水源からの灌漑水域における動植物に及ぼす影響，灌漑による動植物の蓄積，農作物の生育に及ぼす影響の解析，灌漑利用に対する，農業用水の安全性確保を目途とした評価と同時に環境保全再生対策のあり方に対して述べることとした．

2. 有毒物質産生アオコ種および毒性

世界各地で湖沼，内湾等の閉鎖性水域の富栄養化した地域で恒常的に発生する藍藻類は *Microcystis* 属，*Anabaena* 属，*Oscillatoria* 属，*Planktothrix* 属，*Nodularia* 属等に属する種類が主として確認されてきた（図3）．それら藍藻類の発生する地域で，家畜の死亡事故が発生したことから，その原因について調査されてきた[5, 9]．有毒アオコによるヒトへの影響や死亡事例は世界各地で報告されており，ブラジルでは1996年に不完全処理後の上水を飲用した透析患者などの50人以上の死亡が報告されている[10]（表1）．これらの事例を踏まえ藍藻類産生毒素の化学物質の特性やマウス等の毒性研究が進められてきた．藍藻類は肝臓毒のミクロキスチン，シリンドロスパモプシン，神経毒のアナト

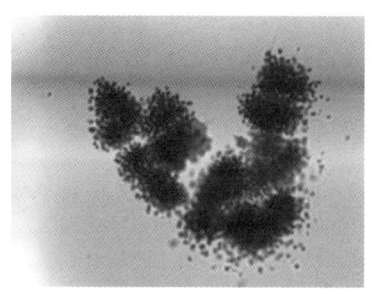 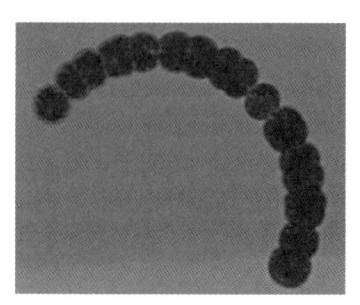

Microcystis 属　　　　　　　　*Anabaena* 属
図3　有毒・有害物質産生藍藻類

表 1　有毒藻類の人的影響の報告

年	位置（水源）	藍藻類	毒　素	人体影響	利　用
1931	アメリカ，オハイオ河	*Microystis*	—	胃腸炎，腹部の痛み，嘔吐	飲料水
1960-1965	ジンバブエ，ハラレ	*Microystis*	—	胃腸炎	飲料水
1975	アメリカ，ペンシルバニア	*Schizotrix, Lyngbya, Phormidium*	—	胃腸炎	飲料水
1979	オーストラリア，パーム島	*Cylindrospermopsis*	Cylindrospermopsin	胃腸炎，肝臓，腎臓，腸の損傷	飲料水
1981	オーストラリア，アーミデイル	*Microystis*	Microcystin	肝臓損傷	飲料水
1972-1990	中国	*Microystis*	Microcystin	原発性肝ガン	飲料水
1977-1996	中国	*Microystis*	Microcystin	結腸直腸線ガン	飲料水
1988	ブラジル，イタパリカ	*Microystis, Anabaena*	—	胃腸炎，下痢	飲料水
1994	スウェーデン，マルメ	*Planktothrix*	Microcystin	胃腸炎，熱，腹部，筋肉の痛み	飲料水
1959	カナダ，サスカチュワン	*Microystis, Anabaena circinalis*	—	頭痛，吐き気，筋肉の痛み，嘔吐，下痢	親水
1980-1981	アメリカ，ペンシルバニア，ネバダ	*Aphanizomenon, Anabaena*	—	目，耳の炎症，インフルエンザ様症状	親水
1989	イギリス，イングランド，スタッフォードシャー	*Microcystis*	Microcystin	胃腸炎，喉の痛み，口の水泡，嘔吐，腹部の痛み，熱，肺硬変，下痢	親水
1995	オーストラリア	*Microycstis, Anabaena, Aphanizomenon, Nodularia*	—	胃腸炎，インフルエンザ様症状，口の水泡，熱，目と耳の炎症，嘔吐，下痢	親水
1996	イギリス	*Planktothrix*	Microcystin	発疹，熱	親水
1996-1998	オーストラリア（沿岸海域）	*Lyngbya*	—	接触皮膚炎，目と耳の炎症，呼吸器炎症	親水
2002-2003	フィンランド	*Anabaena lemmermannii*	Saxitoxin	熱，目の炎症，腹部の痛み，発疹	親水

Luděk ら 2009 参照 [9]

表2　有毒アオコ藍藻類の種類と産生物質

藍藻類	産生毒
Anabaena flos-aquae	Anatoxin-a, Microcystin
Aphanizomenon flos-aquae	Aphantoxin, Cyanoginosin
Microcystis aeruginosa	Microcystin
Microcystis viridis	Microcystin
Nodularia spumigena	Nodularin
Oscillatoria agardhii	Microcystin
Cylindrospermopsis spp.	Cylindrospermopsin

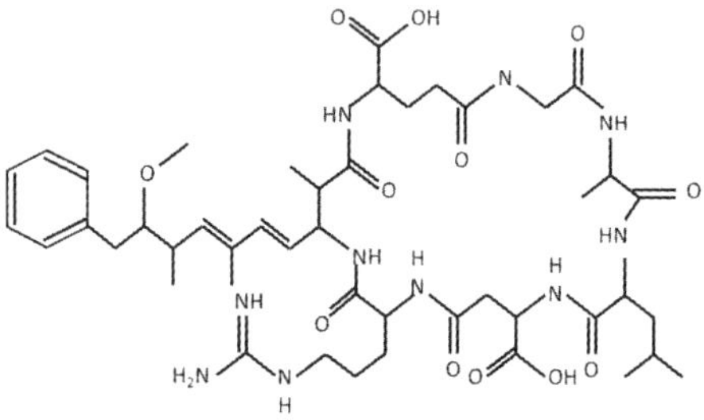

アナトキシン-a

ミクロキスチン-LR

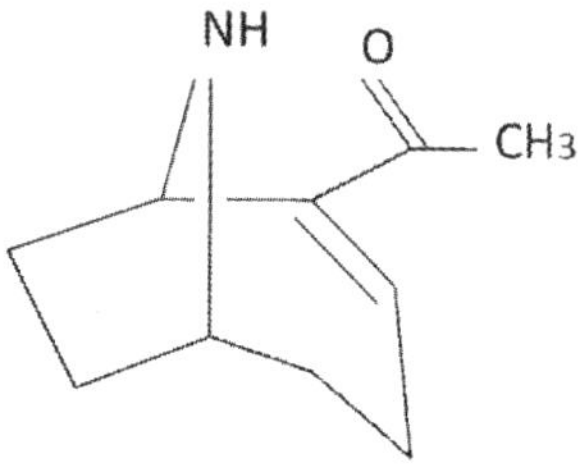

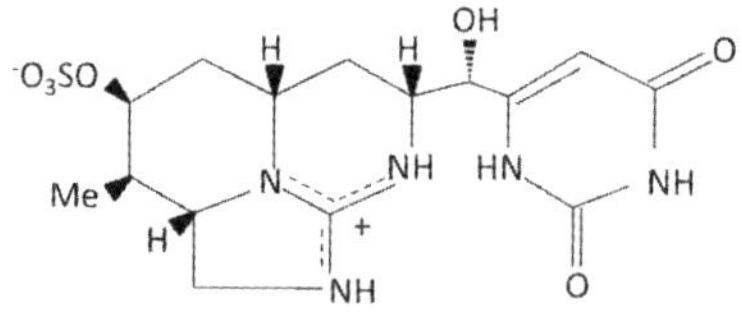

シリンドロスパモプシン

図4　淡水灌漑水域におけるアオコ産生毒性物質

キシン－aなどを生産することが明らかとされている（表2，図4）．これら藍藻類産生毒の毒性試験において，藍藻類産生毒性物質は急性毒性評価において，マウス試験でのLD50（半数致死量）の評価において青酸カリ（LD50：5,000 μg・kg⁻¹）と比較していずれも強力な毒性を有している[11-15]（表3）．その毒性の強さから世界保健機関（WHO）の飲料水質ガイドラインではミクロキスチン－LRに1 μg・L⁻¹の暫定基準値が設けられている[16]．日本では，水道法の要検討項目にミクロキスチン－LRが指定され，目標値として0.8 μg・L⁻¹

表3　有毒アオコ産生物質の毒性

毒性物質	半数致死量 (LD$_{50}$) μg・kg^{-1}	参　照
Saxitoxin	9	Carmicheal (1992)
Anatoxin-a(s)	20	Carmicheal (1992)
Nodurarin	50	Kenneth (1994)
Microcystin-LR	80	WHO (1999)
Microcystin-YR	70	Kenneth (1994)
Microcystin-RR	600	Kenneth (1994)
Microcystin-LA	50	Kenneth (1994)
Anatoxin-a	200	Carmicheal (1992)
Cylindrospermopsin	200	Banker (2001)

としている [17]．またアオコの発生が多く観測されているオーストラリアではミクロキスチン -LR，-YR，-RR 等の総ミクロキスチン量（すべての構造類似体を包含した全ミクロキスチン量）に対して 1.3 μg・L^{-1} という規制基準を設けている [18]．なお，ミクロキスチン -LR は強力な毒性ゆえに耐容 1 日摂食量（TDI）に 0.04 μg・kg^{-1}・day^{-1} が定められている [13]．この値はマウスの経口投与試験が行われ [19]，その結果から不確実係数 1,000 倍（動物とヒトとの種間の差と，ヒトによる感受性の個人差を掛け合わせた 100 と慢性毒性や発がん性試験のデータが不足している場合，さらに 10 倍される）で割った値を TDI としている．TDI 値を用いる場合，例を挙げると体重 50 kg のヒトの場合，TDI は 2.0 μg・day^{-1} であり，毎日の摂取量がその値以下であれば影響が出ない量である．また，ミクロキスチンおよび汽水性藍藻類 *Noduraria* 産生ノデュラリンに発がんプロモーター作用を有している [20, 21] ことも明らかにされつつある．

3. 有毒アオコの環境試料の毒性物質分析法の現状

(1) ミクロキスチンの化学構造および分析手法

　有毒アオコの産生物質の中でも特に，世界各地の閉鎖性水域等で確認されているミクロキスチンは毒性分野，化学分野等で多くの研究が進められてきたところである．藍藻類産生毒の中でもミクロキスチンは現在 89 種類もの構造類似体を有しており [22)]，ミクロキスチンは 5 つのアミノ酸（D- アラニン（Ala），D- グルタミン酸（Glu），D- β - メチルアスパラギン酸（β -Me-Asp),N- メチルデヒドロアラニン（Mdha），Adda（3- アミノ -9- メトキシ -2,6,8- トリメチル -10- フェニルデカ -4,6- ジエノン酸）を基本骨格とし，他に 2 種類のL- アミノ酸がペプチド結合し，環状形成している [23)]（図 5）．ミクロキスチンによる分析手法に関しても研究が進められており，ミクロキスチンの単一構造物を測定する高速液体クロマトグラフ（HPLC）法，液体クロマトグラフ質量分析（LC/MS）法から，ミクロキスチンの共通構造物質 Adda を測定し，総ミクロキスチン量として測定する酵素結合型免疫吸着検定（ELISA）法，プ

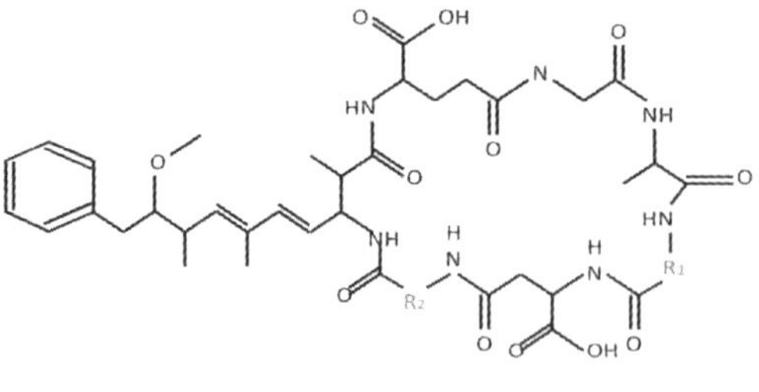

ミクロキスチン類	R1	R2	分子量
Microcystin-LA	Leu	Ala	909
Microcystin-LR	Leu	Arg	994
Microcystin-YR	Tyr	Arg	1044
Microcystin-YA	Tyr	Ala	959
Microcystin-YM	Tyr	Met	1019
Microcystin-RR	Arg	Arg	1037

図 5　藍藻類産生ミクロキスチン類の構造

ロテインフォスファターゼアッセイ（PP assay），化学分解によってミクロキスチンの Adda 部分を酸化分解し 2- メチル -3 メトキシ -4- フェニル酪酸（MMPB）としその部分を LC/MS やガスクロマトグラフィー質量分析（GC/MS）法によって定量する方法（表4）があり，これらによって環境サンプルの定量化が行われてきた [24-26]．環境中のミクロキスチン類およびトータルミクロキスチン分析法においては液体クロマトグラフィー質量分析法，ガスクロマトグラフィー質量分析法等の精度向上に伴い分析法が整備されつつある．HPLC より精度は劣るが，ELISA 法や PP assay は環境試料のスクリーニングに用いられている [27]．

表4　ミクロキスチン分析の手法

測定対象物	測定手法	測定機器	測定原理	備　考
ミクロキスチン類単種（ミクロキスチン -LR，ミクロキスチン -YR，ミクロキスチン -RR など）	HPLC	HPLC（UV,PDA）　LC/MS	ミクロキスチンと夾雑物質を分離し紫外線検出器で吸収強度をピークとして検出（彼谷 2001）	ミクロキスチン単種測定が可能であるが同族体が 89 種類以上存在するためすべてのミクロキスチンを測定すると標準試薬のコストがかかる．
トータルミクロキスチン	ELISA	ELISAキット	ミクロキスチンを特異的に結合する抗体などによって，蛍光色素により呈色し，定量する．	現場でのスクリーニングに利用される．
	PP assay	PP2Aアッセイキット	ミクロキスチンが PP2A を阻害する特性を利用し，PP2A と p-Nitrophenyl Phosphate の呈色反応から定量する	環境サンプルにプロテインフォスファターゼ阻害物質があると過大に検出されることがある．
	HPLC　GC	HPLC（蛍光検出器）LC/MS　GC/MS	ミクロキスチンを酸化分解し 2- メチル -3 メトキシ -4- フェニル酪酸（MMPB）にして測定する．	高感度で定量が可能であるが前処理に複雑な作業があり，高度な技術が必要である（田中 2011）．

田中 2011 改変 [24, 25]

(2) 環境試料からのミクロキスチン抽出における最適手法の検討

　湖水や底泥や生物体などの環境試料中のミクロキスチンを分析する上で，目的とするミクロキスチンを定量化するため，環境試料に吸着保持されているミクロキスチンを回収し，底泥や生物体に含まれる他の物質とミクロキスチンを分離させることが重要である．以上の目的を達成するためには，①環境試料中のミクロキスチンを溶媒に移行させるための抽出法である溶媒抽出および②分析装置でのミクロキスチン分析の精度を向上させるため，溶媒中のミクロキスチンと夾雑物質を分離させ目的のミクロキスチンを効率的に回収する固相抽出は重要な手法であると言える．

　なお，以上における溶媒抽出と固相抽出の特徴として，図6に示すように，溶媒抽出は土壌，植物，動物，底泥などの環境試料中に含まれるミクロキスチンなど測定対象物質を溶媒によって環境試料から分離させることを対象として行い，具体的には底泥などの環境試料にメタノール，アセトニトリルなどを含む溶媒を添加し，環境試料および溶媒を十分に撹拌し，遠心分離等で固液分離を行う手法である．この抽出においては試料中の粒子に吸着しているミクロキスチンを剥離し，溶媒に溶解させることで，溶液中に測定対象物質が含まれ，定量分析ができるようになる．ミクロキスチンは多くの構造類似体を持ち，そ

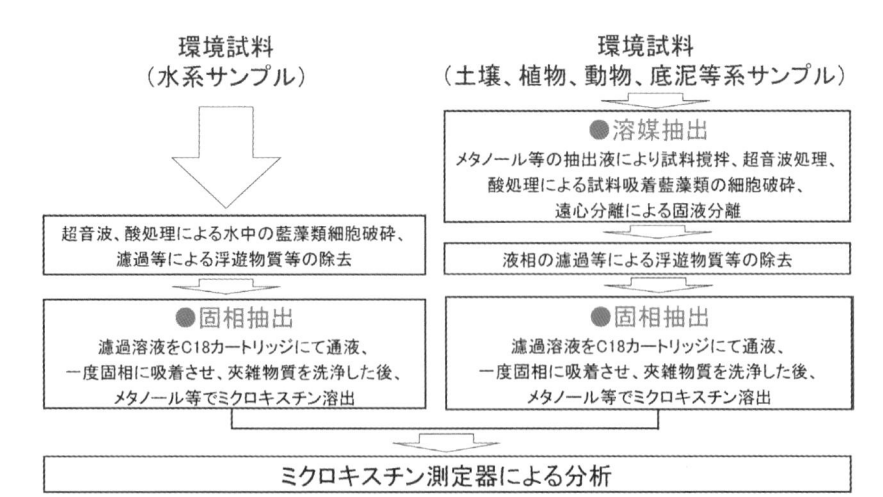

図6　環境試料からのミクロキスチン分析のフロー

れぞれ溶媒の溶解度は異なるものと考えられるが，共通部分である Adda に関しては直鎖状の炭素鎖とベンゼン環を含んでいることから，疎水性を有することが考えられる．溶媒組成のメタノール／水の割合によって環境試料からの測定対象物質の分離割合が異なる．

　特に，固相抽出はミクロキスチンなど測定対象物質の精密な測定を行うために溶媒抽出液に含まれる夾雑物質と測定対象物質を分離させ，測定対象物質を回収する前処理法であり，吸着カラムの測定対象物質の吸着を対象として行っている．底泥などの環境試料中からのミクロキスチンの抽出効率は固相抽出の手法によって左右される．具体的には吸着カラムに溶媒抽出液を通液させることでカラム内にミクロキスチンを保持させる．カラムに保持できない夾雑物質は通液時に溶液ともに排出され，保持されたミクロキスチンを溶媒によって溶出させ回収する．固相抽出におけるカラムは操作が容易であることからミクロキスチンの Adda を保持するオクタデシルシリル基（ODS）による固相抽出が広く用いられている．測定対象物質のカラムの吸着は通液させる際の溶媒組成であるメタノール／水の割合が重要なポイントになるものである．

　環境試料中のミクロキスチンの分析に関わる公定法は現在のところ存在していないが，平成 25 年まで，水質要調査項目にミクロキスチンが含まれていたことも踏まえ，環境省ではミクロキスチンの環境中（表層水，底泥）の分析マニュアルが出されている [28]（図 7）．しかし，文献によっては底質からの溶媒抽出および固相抽出の際の溶媒中のメタノール等の割合は異なっており最適条件が議論されていることを含め，筆者らは底泥中に含まれるミクロキスチンからの溶媒抽出および ODS の固相抽出におけるミクロキスチンの回収率の最適条件についての検証試験を以下に示す通りに行った．

　なお，以上における溶媒抽出と固相抽出の特徴として，溶媒抽出は底泥などの環境試料中に含まれるミクロキスチンなど測定対象物質を溶媒によって環境試料から分離させることを対象として行い，具体的には環境試料に溶媒を添加後，撹拌，超音波処理を行い遠心分離などで固液分離させることで，溶液中に測定対象物質が含まれ，定量分析ができるようになる．溶媒組成のメタノール／水の割合によって環境試料からの測定対象物質の分離割合が異なる．

表層水中のMC分析	土壌のMC分析
・表層水を超音波処理 ・遠心分離法(2,500rpm) ・上澄み液を回収する ・残渣をメタノールにて抽出後、 　抽出液と上澄み液と混合する ・混合液をODSカラムの固相抽出 　(メタノール溶出)	・抽出液(リン酸緩衝液入り80% 　メタノールMeOH)により試料撹拌、 　超音波処理 ・遠心分離により固液分離 ・超純水で5倍に希釈調整 ・上澄み液をODSカラムの固相抽出 　(メタノール溶出)

MMPB法

ミクロキスチン類 分析

図 7　環境試料におけるミクロキスチン分析
環境省要調査項目マニュアル 2003　参照 [28]

　一方で固相抽出はミクロキスチンなど測定対象物質の精密な測定を行うために溶媒抽出液に含まれる夾雑物質と測定対象物質を分離させ，測定対象物質を回収する前処理法であり，吸着カラムの測定対象物質の吸着を対象として行っている．具体的には吸着カラムに溶媒抽出液を通液させることでカラム内にミクロキスチンを保持させる．カラムに保持できない夾雑物質は通液時に溶液ともに排出され，保持されたミクロキスチンを溶媒によって溶出させ回収する．測定対象物質のカラムの吸着は通液させる際の溶媒組成であるメタノール／水の割合が重要なるポイントになるものである．

　底質からのミクロキスチン溶媒抽出について底泥 (長崎県いさはや新池採取，採取サンプルのミクロキスチン -LR 含有量：0.01 µg・g^{-1} 未満) を凍結乾燥処理し，凍結乾燥処理後の乾燥重量 2 g の試料に対し，ミクロキスチン -LR を 100 µg の添加を行った．ミクロキスチン -LR の添加後に①メタノール-水の配合を変化した抽出液（メタノール／水の配合割合を系列 1：0/100，系列 2：50/50，系列 3：80/20，系列 4：90/10，系列 5：100/0）および②0.05 M のリン酸緩衝液 4 mL を含むメタノール-水の割合を変化した抽出液をそれぞれ 20 mL 添加し（メタノール／水の割合を系列 6：0/100，系列 7：

50/50，系列 8：80/20，系列 9：90/10），底泥からの抽出を 2 回行った．その後，抽出した底泥抽出液を集約させ，固相抽出を行った．固相抽出の際の抽出液を 16％メタノール溶液になるように調整し 250 mL の溶液とした．この溶液を活性化させた，C18 カートリッジ（和光株式会社）にゆっくり通液させた．通液後，100％メタノール 5 mL で溶出させ，さらに Silica カートリッジ（和光株式会社）にて精製後，HPLC 法で用いてミクロキスチン –LR の含有量を測定した．

　底泥にミクロキスチンを添加した場合のメタノールの配合割合による回収率は以下に示す通りである．

1）リン酸緩衝液の非添加系列では回収率ではメタノール 50％ – 水 50％の系列が 87％と一番高い結果となった．メタノール 100％ – 水 0％の場合，抽出効率が 11％と極めて低くなった．メタノール配合割合が 0 ～ 80％においては，底泥からのミクロキスチン回収率が添加量に対して 66％から 87％の結果となった．

2）リン酸緩衝液の添加系列ではメタノール 50％ – 水 50％の系列が 90％と一番高い結果となった．なお，リン酸緩衝液を添加した系列において添加していない系列と比較しいずれの系列に関しても 3 ～ 16％の増加が確認されたことからリン酸緩衝液の添加によって pH が一定の適正条件になるためと考えられるが回収率が上昇することが明らかとなった．

　このようにミクロキスチンの底泥からの分離回収を対象とする溶媒抽出においては・メタノール／水の割合が 50/50 が適正であるといえる．

　底泥抽出溶液の固相抽出におけるミクロキスチン回収試験においては，底泥 10 g（長崎県いさはや新池採取，採取サンプルのミクロキスチン –LR 含有量：0.01 μg・g^{-1} 未満）を 50 ml のファルコンチューブに入れた後，土壌抽出液（80％メタノール入りリン酸緩衝液）20 ml を添加し，超音波処理を行った．その後，遠心分離機にて固液分離（8,000 rpm，10 分）し，上澄み液のろ過を行った．その後，同様の作業を行い，抽出したろ液を合わせた．この土壌抽出液にミクロキスチン –LR（*Microcystis aeruginosa* NIES-298 を培養抽出した

溶液）100 µg を溶解した 1 ml メタノールを添加し，その後，60℃の湯煎器にてサンプル中のメタノールを完全に気化させた．その後，気化させたサンプルに，メタノール／水の割合を変化させた抽出液（メタノール／水の配合割合を系列 I 0/100，系列 II 5/95，系列 III 16/84，系列IV 25/75，系列 V 50/50，系列VI 75/25，系列VII 100/0）を 200 mL 添加し，十分に撹拌した後，活性化させた，C18 カートリッジ（和光株式会社製）にゆっくり通液させた．通液後，溶出液を湯煎器にてメタノールを気化させた後，HPLC 法にてミクロキスチン -LR の含有量を測定した．メタノールの添加濃度を変えた場合の ODS の通液によるミクロキスチンの回収率の結果は，図 8 に示す通りである．以下に，本実験の成果を示すこととする．

1）固相抽出において回収率が高い系列はメタノール／水の割合が 16/84 となり，回収率が約 90%であり，最も高かった．

2）メタノール 50%以上になると 9%と減少したため，抽出液中のメタノール配合が高い抽出液は ODS カラムに保持せず，そのままメタノール中のミクロキスチン -LR が溶出することが示された．

3）メタノール 0% − 水 100%の場合はミクロキスチン -LR が十分に溶解されず，回収率が低下した可能性が示唆された．

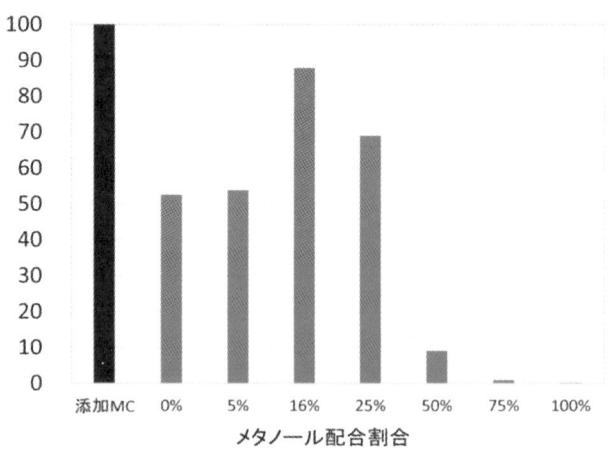

図 8 底泥から抽出後の ODS 通液時におけるメタノール配合によるミクロキスチン回収率

　Wu 等の研究によるとミクロキスチン -LR およびミクロキスチン -RR の抽出において 50％メタノール条件で回収率が高い結果となったが，微生物分解を抑制するためのアジ化ナトリウムを添加していることによると言える[29]．また，底泥等の環境試料からの溶媒抽出および固相抽出はそれぞれメタノールの配合割合によって回収率は異なることを含め，ミクロキスチン類の詳細な検討は必要不可欠であるといえる．底泥等のミクロキスチン含有試料からの，0％メタノール（水のみ）のミクロキスチン抽出条件においては[30, 31]，水のみのミクロキスチン固相抽出にて筆者らの ODS の通液試験では回収率が極めて低い結果となった．これはミクロキスチン -LR の底泥からの回収率が最適条件でなかったことが原因であると推察された．

　このように吸着カラムである ODS のミクロキスチンの吸着を対象とする固相抽出においてはメタノール／水の割合が 16/84 が適正であるといえる．

　すなわち，これらの結果からミクロキスチンの底泥抽出においては 50％メタノールの調整をし，固相抽出の際に 16％メタノールに希釈調整することによりミクロキスチンの回収率を向上することが明らかとなった．

　なお，上記の研究成果を基に環境試料のミクロキスチンの精度向上分析に対する適正条件をまとめると図 9 に示す通りである。

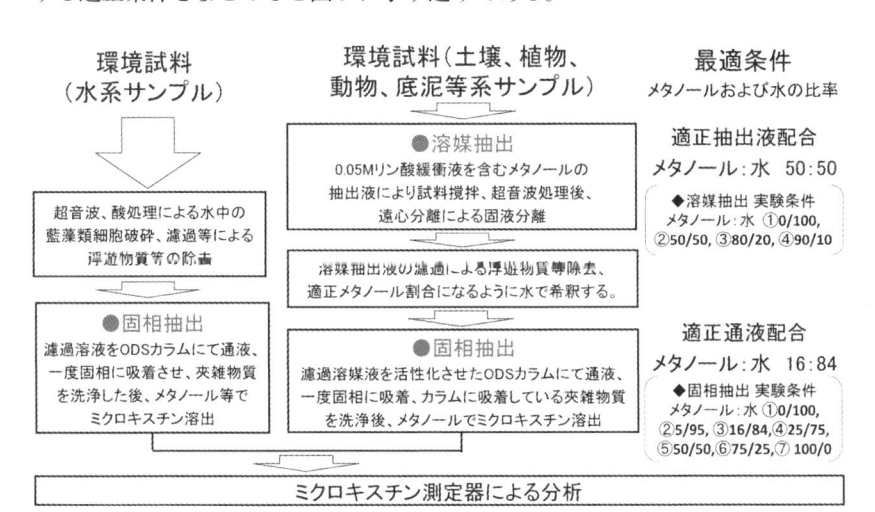

図 9　環境試料のミクロキスチンの精度向上分析に対する適正条件

本分析の手法で，表層水などは直接に，また，土壌，植物，動物，底泥など
の環境試料中に含まれるミクロキスチンなど測定対象物質は溶媒によって環境
試料から分離させ，メタノール：水の比を変えて処理することで精度の高いミ
クロキスチンの分析が可能となる．

4. 有毒アオコの水生動物の蓄積等に及ぼす影響

有毒アオコの発生している閉鎖性水域に生息する魚類，貝類等の水生動物や
湖水等を飲用する家畜や鳥類等はミクロキスチン等の毒性物質による影響を
受けることが考えられる．有毒アオコ産生毒の中でも，*Microcystis* 属産生の
ミクロキスチンは，細胞内の脱リン酸化酵素であるプロテインセリンホスファ
ターゼ（PP）1 および PP2A に結合して活性を阻害することが明らかとなっ
ており，細胞内シグナル伝達等が正常に働くなることによる毒性を発現する．
動物体内に混入する場合，主に経口によるものが多いが，小腸肝臓細胞の細胞
膜上に発現している胆汁輸送系と呼ばれる輸送タンパク質群の中の，オーガ
ニックアニオントランスポーター（OATP）が肝臓細胞内にミクロキスチンを
取り込んでしまうため，肝臓細胞内への蓄積およびプロテインホスファターゼ
活性阻害を引き起こしてしまうと考えられている [32-35]（図 10）．ミクロキスチ
ンを含む水を摂取した動物における症状としては，肝細胞の腫大，肝硬変や壊
死等が確認されたケースもある [5]．

特に，水生生物は生息する水域に有毒アオコが発生している場合，アオコ産
生毒による作用を受ける可能性が考えられる．水生生物の中でも魚類では体内
に混入したミクロキスチンの多くは肝臓に蓄積されており，ミクロキスチンの
検出される湖沼（スカム：3,75 〜 15.90 µg・L^{-1}　表層水：0.21 〜 1.09 µg・
L^{-1}）に生息している雑食性のギベリオブナ（*Carassius gibelio*）の組織中
のミクロキスチン蓄積量では最も蓄積されていた肝臓で最大 0.15 µg・g^{-1} で
あり，可食部として利用される筋肉は最大で 0.01 µg・g^{-1} の蓄積が確認され
た [36]．植物プランクトンを摂食するハクレン（*Hypophthalmichthys molitrix*）
の筋肉に 0.014 〜 0.036 µg・g^{-1} dry weight の蓄積が確認された．この調査で

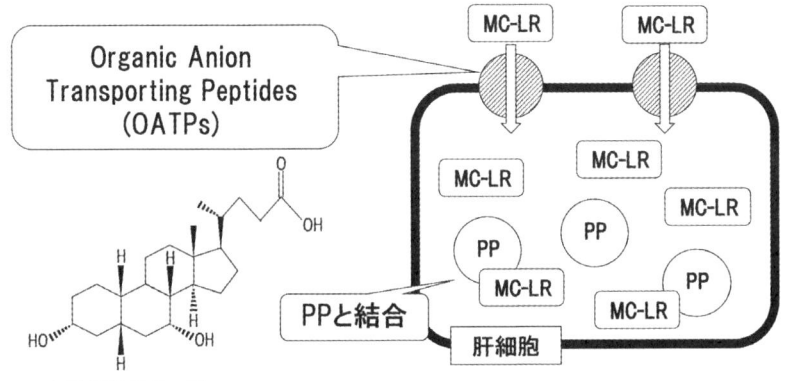

図10　ミクロキスチンの肝臓毒発現に関する機構

はミクロキスチン濃度が $0.02 \sim 21.7 \ \mu g \cdot L^{-1}$ の湖沼に生息するハクレンを対象に行い，60 kg の人が1日に 300 g 摂食したと仮定する推定1日摂食量（EDI）においては $0.0027 \sim 0.0071 \ \mu g \cdot kg^{-1} \cdot day^{-1}$ とミクロキスチン–LRの TDI である $0.04 \ \mu g \cdot kg^{-1} \cdot day^{-1}$ を下回る結果となり，ハザード比によるリスク評価においてリスクなしと判断されている[37]．

　二枚貝類のミクロキスチンの蓄積に関して *Microcystis* 属の優占化し，アオコの発生する湖沼においてイシガイ（*Unio douglasiae*）の肝臓部分の中腸腺に $2.72 \ \mu g \cdot g^{-1}$，鰓と筋肉に $2.00 \ \mu g \cdot g^{-1}$ のミクロキスチン蓄積が確認された[38, 39]．ドブガイ（*Anodonta woodiana*）においては中腸線のみミクロキスチンが $0.21 \ \mu g \cdot g^{-1}$ の蓄積が確認された．一方でカラスガイ（*Cristaria plicata*）には中腸線の蓄積が見られなかったことから種間によって蓄積量に差異が見られることが確認されている[25]．

　藍藻類，動物プランクトン，魚においての食物網で起きるミクロキスチンの生物濃縮の知見において，Smith らは，ミクロキスチン含有動物プランクトンを餌としたブルーギル（*Lepomis macrochirus*）の9日の曝露試験においてブ

ルーギルの体内に蓄積していることが報告され，動物プランクトン経由で魚類の体内へ蓄積していくことを明らかにしている[40]．

　なお，朴らの報告において，植物プランクトン捕食性の動物プランクトン，さらにはそれらを捕食する魚類へのミクロキスチンの食物連鎖による蓄積の可能性が示されている[41]．灌漑水域においても水生動物のミクロキスチン蓄積，濃縮を考慮し，適正な水管理を進めるための評価は今後とも進めていく必要がある．

　水生生物の生息する有毒アオコの発生する淡水水域のミクロキスチンの挙動についての調査から，ミクロキスチンは動物の体内に蓄積するが，グルタチオン抱合によってミクロキスチンと付加し糞尿として体外に排泄されていること[42]から解毒作用が起きていると考えられている．また，灌漑水域に生息する水生動物体内の蓄積・代謝は灌漑用水のミクロキスチンの負荷量を知る上で重要な要因とされていることもあり，有毒アオコの発生する水域にて魚類，貝類等の継続的な調査が必要とされる．

5. 有毒アオコの農作物の生育・蓄積等に及ぼす影響

　有毒アオコの含まれた灌漑用水利用によって植物への蓄積汚染，生産性の質への影響など様々な問題が生じる可能性がある．現在，ミクロキスチンの植物の発芽影響，発芽後の実生の生育影響について研究が進められているところである．しかし，農作物は実際に土壌を媒体として生産するケースがほとんどである．農作物の生育に必要な必須元素等の養分の供給は土壌間隙水によるものが多く，植物に必要な水分は植物の根によって供給されている．一方で土壌栽培による農作物のミクロキスチンの吸収・蓄積，ミクロキスチンを含む灌漑水による農作物の影響についての考察は少ない．そして，農作物へのアオコ毒の蓄積によるヒトへのリスクについては食の安全性を確保する上で必要とされる．そのため，ミクロキスチンを栽培土壌に添加した時の畑地へのミクロキスチンの挙動および農作物の吸収特性について解明するために評価を行った．

(1) ミクロキスチン添加による農作物土耕栽培試験

　本研究で用いた作物はコマツナ（*Brassica rapa var. perviridis*），キャベツ（*Brassica oleracea var. Capitata*），アオジソ（*Perilla frutescens var. crispa*），ナス（*Solanum melongena*）を用いて試験した．土壌は黒土，赤玉土，腐葉土の混合土壌を用いた．ポット（栽培面積：78.5 cm³）に土壌を充填後，直播を行い，土壌にミクロキスチンを含んだ純水を栽培土壌に連続添加した．なお，ミクロキスチンの添加は *Microcystis aeruginosa* NIES-298，*M. aeruginosa* NIES-102 株から精製したミクロキスチン –LR を 50 ～ 1,000 µg・L⁻¹ を継続的に添加した．試験終了後の植物体の根，茎，葉の生物重および植物体と栽培土壌のミクロキスチン –LR，–RR，–YR 含有量を各々高速液体クロマトグラフィーによって測定した（図 11）．

灌漑用水中にアオコの構成する藍藻類が混入することを想定し、藍藻類*Microcystis*の産生するミクロキスチンが畑地へ灌漑された場合の農作物の吸着・蓄積特性を解明するために、畑土壌に培養した*Microcystis*およびそれから精製したミクロキスチンを添加し作物栽培試験を行った。

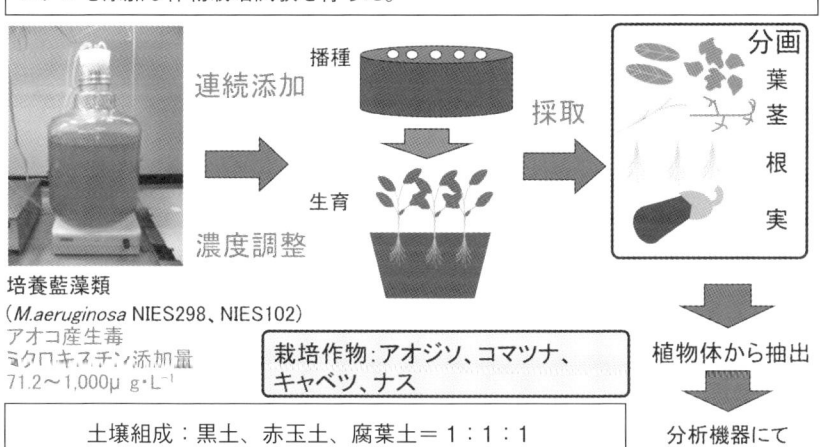

図 11　農作物に対するアオコの添加試験の概要

⑵ ミクロキスチン添加土耕栽培における農作物の生長特性解析

ミクロキスチンの添加における農作物栽培において，ミクロキスチン –LR に関しては WHO の飲料水質ガイドライン値 1 μg・L^{-1} の 1,000 倍濃度の土壌への添加においても植物体の急激な枯死は確認されなかった（図12，図13）．なお，ミクロキスチン添加系列，非添加系列の栽培試験終了後における植物体の総重量（湿重量）の生長量変化は，アオジソは t 検定，コマツナ，キャベツ，クウシンサイ，ダイズは分散分析にて評価した．その結果，いずれの農作物においてもミクロキスチンの添加量による生長量変化に有意差は認められなかった．このことから添加したミクロキスチンは土壌粒子の吸着等によって植物が利用できる土壌間隙水中のミクロキスチン含有量が減少し，生長に影響を及ぼさないことが明らかとされた（図14）．

キャベツ栽培　　　　　　　　　コマツナ栽培

9 日目

30 日目

総添加量　左：対照系（0），中央：100 μg，右：1,000 μg

図12　ミクロキスチン添加試験（キャベツ，コマツナ）

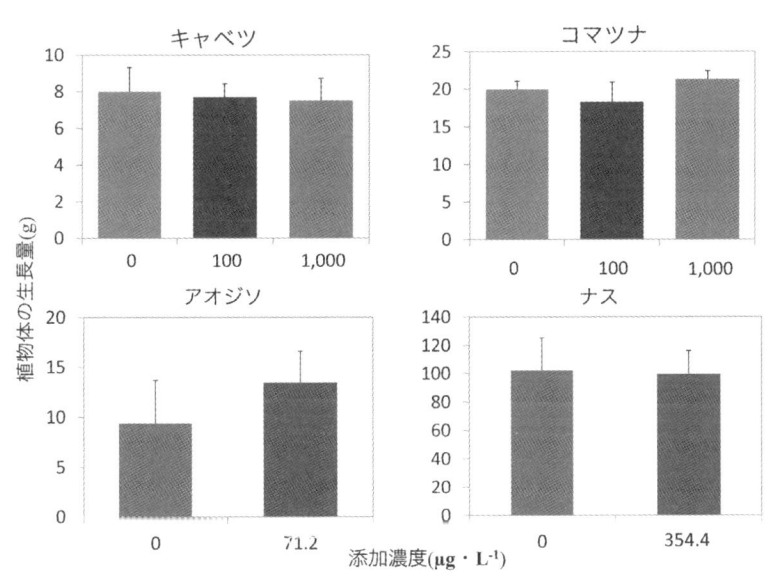

ナス栽培　　　　　　　　アオジソ栽培

総添加量　　　　　　　　総添加量
左：対照系（0），　　　奥3連：対照系（0），
右：354.40 μg　　　　　手前3連：46.07 μg

図13　ミクロキスチン添加試験（ナス，アオジソ）

図14　ミクロキスチン添加濃度と植物体生長変化量との関係

(3) 土耕農作物栽培におけるミクロキスチンの吸収・蓄積特性

試験終了後の，刈り取りしたキャベツ，コマツナ，アオジソのミクロキスチン蓄積量については 100 〜 1,000 µg・L^{-1} の添加系列ともに植物体の根，茎，葉の蓄積量は HPLC の検出限界値（0.01 µg）以下であった．ダイズは 500 µg・L^{-1} の添加において茎，葉，実の蓄積は起こらなかったが，根に 0.01 µg・g^{-1} wet weight の蓄積が確認された（表5）．ミクロキスチン –LR は添加後においては土壌粒子に蓄積するが，高濃度ミクロキスチン –LR の添加量に対して植物体の蓄積がほとんど確認されなかったことから，植物体の根圏から土壌水分のミクロキスチン –LR を取り込む前に微生物による生分解によって消失された可能性が示唆された．ミクロキスチンが植物体に蓄積する経路として葉面に付着し吸収されるか，あるいは植物の根から吸収する経路が考えられる．本試験では栽培土壌へミクロキスチン含有溶液を直接添加しているため，根からの吸収による蓄積が起きたものと考えられる．ミクロキスチン類の分子量は 900 〜 1,100 程度であり，環状ヘプタペプチドであることから，植物の根にあるカスパリー線によって遮断されることが考えられる．しかし，有機物を遮断するカスパリー線の発達していない根端付近からの吸収や他の吸収経路を介しての取り込みをしている可能性が考えられる [43]（図 15）．有機物の植物細胞の移行として，有機物をそのまま取り込むエンドサイトーシスによる取り

表5　土耕試験における農作物のミクロキスチン蓄積量

農作物	ミクロキスチン添加総量（µg）	根	茎	葉	実	備　考
コマツナ	LR：100 LR：1,000	< 0.01 < 0.01	< 0.01 < 0.01	< 0.01 < 0.01	< 0.01 < 0.01	
キャベツ	LR：100 LR：1,000	< 0.01 < 0.01	< 0.01 < 0.01	< 0.01 < 0.01	< 0.01 < 0.01	
アオジソ	RR：26.43 YR：15.51 LR：4.13	< 0.01	< 0.01	< 0.01	< 0.01	*Microcystis aeruginosa* の培養藻類を添加
ナス	RR：181.83 YR：94.00 LR：78.57	YR:0.16	< 0.01	< 0.01	< 0.01	*Microcystis aeruginosa* の培養藻類を添加

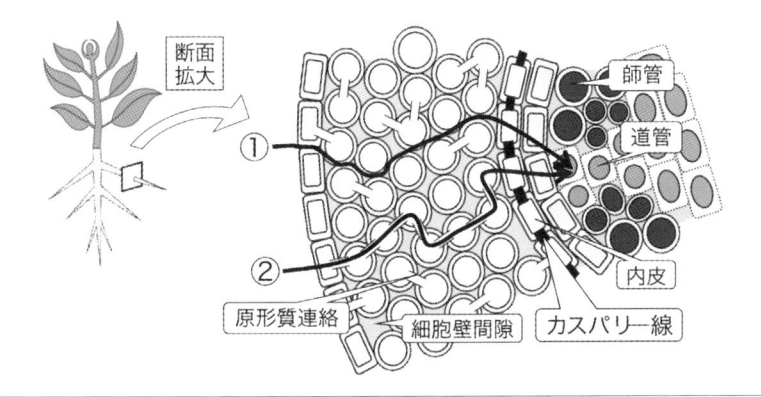

> 内皮まで：①アポプラスト経路：細胞壁間隙を移動
> 　　　　　②シンプラスト経路：細胞間の原形質連絡を移動
> 内皮通過時：カスパリー線により内皮の隣接する細胞壁間隙内は通過できず，
> 　　　　　　したがって必ず内皮細胞内を通過する必要がある
> 　　　　　　　⇒ 細胞膜透過可能な物質のみが地上部へ吸収移行が可能

図 15　有機物の植物根の吸収に関する機構
Lincoln Taiz, Eduardo Zeiger 2010 改変 [43]

〇吸収機構の可能性　①…エンドサイトーシス

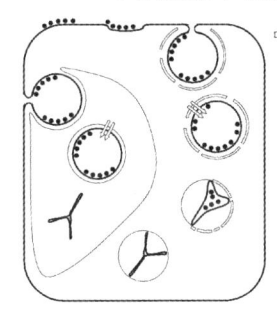

⇨:酵素、●:ヘモグロビン(西澤直子 原図参照)

水稲根冠細胞における^{3}H標識ヘモグロビンの細胞膜内取り込みが確認された。また、Paungofoo-Lonhienne らはシロイヌナズナ(*Arabidopsis thaliana* Colombia)とハケア(*Hakea actites*)における根毛内へのエンドサイトーシスによるGFPの取り込みが示唆される結果を得ている。

図 16　エンドリイトーシスによる有機物の取り込み機構
西沢 1992, Chanvarat 2008 参照 [44, 45]

ペプチドトランスポーター（PTR）		
AtPTR1-5	*Arabidopsis thaliana*	シロイヌナズナ
HaPTR4	*Hakea actites*	ハケア
HvPTR1	*Hordeum valgare*	オオムギ
NaPTR1	*Nepenthes alata*	ウツボカズラ
VfPTR1	*Vicia fafa*	ソラマメ
BnNRT1-2	*Brassica napus*	セイヨウアブラナ

オリゴペプチドトランスポーター（OPT）		
AtOPT1-9	*Arabidopsis thaliana*	シロイヌナズナ
OsGT1	*Oryza sativa*	イネ
BjOPT6	*Brassica juncea*	カラシナ

・PTR…di, tripeputide およびヒスチジン, 硝酸塩の細胞膜
　内輸送に介在
・OPT…tetra, penta peptide およびグルタチオンの細胞膜
　内輸送に介在
いずれも, 出芽酵母やアフリカツメガエル卵母細胞等を用
いた異種発現系により検証された.

図17　吸収機構の可能性のある現在明らかとなっている植物
ペプチドトランスポーター
Tegeder 2010 参照 [46)]

込みと, ペプチドの輸送するペプチドトランスポーターによる移行が考えられ
る [44-46)]（図16, 図17). 植物の根から有機物（特に土壌微生物により有機物
質が分解を受け, 二次的に生産されたペプチド物質）が植物によって吸収され,
植物の根に作用を及ぼしていることが明らかとされている [47, 48)].

(4) ミクロキスチン含有作物のヒトへのリスク評価

　ミクロキスチンによるヒトへのリスクについては, 本試験においては農作
物の可食部分の蓄積は検出限界値以下であったが, 検出限界値（0.01 µg）に
含まれていたと仮定し, 栽培作物の可食部（茎, 葉, 実）におけるミクロキ
スチン蓄積量によるリスク評価は1日当たりの人への推定摂取量（EDI）と
ミクロキスチン–LR の耐容1日摂取量（TDI）との比較によって食の安全性
について評価した. 具体的な比較法として TDI においては体重50 kg のヒト
が1日に許容できるミクロキスチン摂取量はミクロキスチンの TDI 値に体重

をかけた 2.0 µg・day^{-1} である．一方で EDI はミクロキスチンを含んだ作物を摂食すると仮定し，1 日当たりにミクロキスチン含有作物を 350 g 摂食し，作物の湿重量 6 g あたり 0.01 µg 含まれた場合，1 日にヒトの体内に取り込まれる量は 0.58 µg・day^{-1} である．この両者を比較し EDI が TDI を上回った時にリスクあり，EDI が TDI を下回った時にリスクなしと判定した．この評価においてヒトの体重を 50 kg とし，EDI は 1 日 350 g の農作物の可食部を摂食したと前提し，摂取量の推測値を算出した．なお，ミクロキスチン–LR の TDI は WHO の 0.04（µg・kg^{-1}・day^{-1}）の値を用いた（WHO 1999）．本試験の農作物での安全性評価においては，供試作物の可食部に HPLC の検出限界値（0.01 µg）含まれたとした場合においてはいずれの農作物も TDI の 30% 未満の結果となった．このことから，本研究における土壌栽培試験の 1,000 µg・L^{-1} の連続添加においても可食部を摂食することによるリスクが低い，すなわち認められないことが明らかとなった．

(5) 灌漑水利用におけるミクロキスチンによる作物栽培における評価・展望

Microcystis 属などが優占するアオコの発生する閉鎖性水域は各地で見られており，農業用水の取水源としてこれらの水域から灌漑するところも多くある．日本の具体的事例として，茨城県の霞ヶ浦においては富栄養化に伴い有毒アオコが発生していた．これらの湖水を筑波山の頂上付近にポンプアップした後に灌漑用水として利用しているが，現在のところアオコによる農業生産量の減少や農作物による健康被害に関する報告はなされていない．また，長崎県諫早市のいさはや新池では 1999 年に潮受け堤防が閉め切られてから調整池として灌漑用水利用されている．主に，畑作物の生産のためいさはや新池に面する干拓地では現在営農が進められており，いさはや新池の水を灌漑利用されているが，アオコの発生に伴い，農業影響が風評被害的に懸念されているところである．現在のところ，いさはや新池の水を利用することによるアオコ毒の農作物影響，健康障害については報告がなされていない．いさはや新池のミクロキスチンの池水の挙動については報告がなされており，0.03 〜 12.53 µg・L^{-1} の濃度推移をしている[49]．現状のいさはや新池や日本の湖沼等におけるミクロ

キスチン濃度においては土壌試験の結果を踏まえ，農作物の蓄積による健康影響はほとんど起こらないものといえる．しかし，有毒アオコによる健康影響を回避するための灌漑手法，灌漑用水取水源の水質汚濁防止に向けた方策の検討が必要といえる．

　農作物の灌漑において，有毒アオコの植物可食部への曝露によるリスクを軽減するために，散布灌漑手法から，土壌への浸透灌漑手法による水供給の方法へ移行させるなどの用水の適正供給を踏まえた検討対策も必要に応じて対応すると良いといえる．なお，農作物は水田，畑地等で生産することが多いことから土壌，植物間のミクロキスチンの動態についての更なる解明を行い，科学的な知見に基づき有毒藍藻類灌漑によるヒトへのリスクについて評価し，農業用水の利用において有毒アオコ産生毒のリスク軽減に向けた対策を講じることが求められる．これらを踏まえ，灌漑用水の利用マニュアルを構築し，適正利用することで環境リスクは確実に防止できるといえる．

6. 有毒アオコの発生抑止のための流域負荷削減対策

　ミクロキスチンの動物蓄積や植物の生長影響および農作物の可食部蓄積に関する評価を踏まえ，農作物，水生動物等の有毒アオコによるリスク低減に向けた手法として，水域のブルームを形成する藍藻類の発生抑制対策が重要な要素とされる．藍藻類の異常増殖は主に窒素，リンが制限要因とされる．そのため，窒素，リン除去による富栄養化防止対策が藍藻類産生毒の産生抑制に効果的といえる．

　家庭や畜舎等からの排水による特定汚染源負荷対策として窒素，リン除去型高度処理システムが必須である．浄化槽においては，従来の合併処理浄化槽ではなく，窒素，リン除去可能な高度処理浄化槽に限定した普及整備により栄養塩類負荷低減につながることになる．富栄養化の指標となるパラメータとしては，これまで活用されてきた栄養塩類濃度，クロロフィルa，生物指標等がある．これからは，さらに灌漑取水源となる湖沼・溜め池等閉鎖性水域へ流入する生活雑排水や産業・畜産排水等が富栄養化を促進し，かつ，環境影響を与え

ている否かは各地域の特性や排水処理特性によって異なるため，藻類ポテンシャル（Algal Growth Potential）や窒素リン比（N/P）を用いた富栄養化指標の評価を行い有毒アオコの発生特性について把握するとともに，藍藻類の増殖因子となる窒素，リン除去対策を強化していく必要がある[3, 50]（図18）．

　すなわち，発生源対策による有毒アオコ異常増殖要因となる栄養塩類の流域負荷削減と同時に，水生植物を利用した生態工学的技法としてのフロート式植栽浄化法，沈水植物定着化浄化法，植栽土壌浄化法等の導入が重要である．なお，水耕・水生植物の刈り取り，残渣の資源利用のための水域から系外に取り除き，超高温好気発酵微生物による有機堆肥化資源循環による栄養塩類除去等が効果的である．バイオエコシステム導入による流域管理に基づく流入負荷の抑制と流域から農地へ流出する環境負荷を抑制することが農業生産の向上・品質向上に必要不可欠といえる．

　これらの点を踏まえ，有毒アオコ含有灌漑水利用における課題および効果的

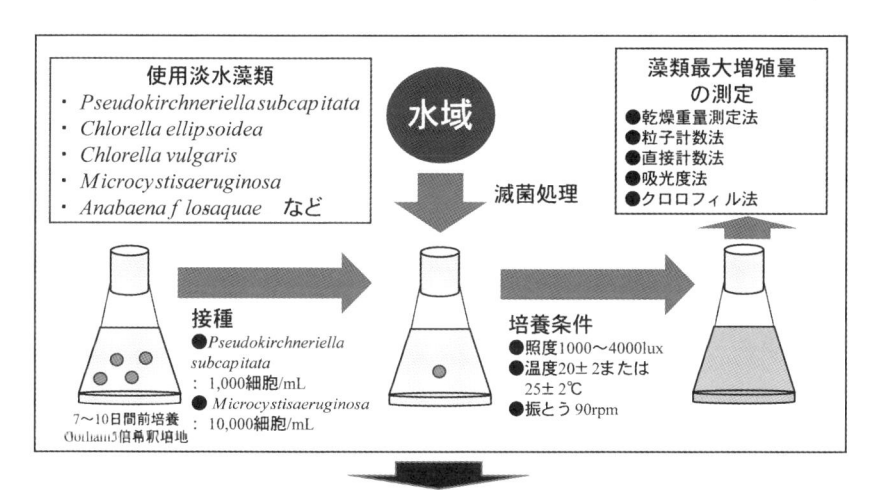

図18　AGP 試験による富栄養化評価
稲森ら 2008，下水試験法 2012 参照[3, 50]

な対策は以下に示すとおりである

　有毒アオコの発生は水環境，農業，衛生と社会的に広く問題とされてきており，対策が進められてきている．特に，農業分野においては，農作物の安全性確保と高品質化は環太平洋経済連携協定（TPP）を含めて極めて重要な課題である．これらの農作物の生産において，灌漑用水を湖沼・池沼水に依存している地域は多く，このような水域では普遍的にアオコが出現しているところが多いのも事実である．特に，有毒アオコの発生する灌漑取水源について，アオコ発生特性の評価，ミクロキスチンなどの有毒物質の定期モニタリングとアオコ含有水の土壌栽培等の作物における生長影響，アオコ産生有毒物質の植物等への蓄積についてのリスク評価を継続的に行うシステム構築はこれから取り組むべき課題である．

　また，農作物の灌漑用水利用において作物の生育は水質に影響される．灌漑用水中の栄養塩類の中でも特に窒素過多によって植物の徒長が起こり，倒状による収量の減少が起こる．また，有機汚濁が進行すると作物の根の酸素活性を失い，微量元素欠乏や生理障害を生みやすくなる[51]．このことから灌漑用水の窒素，リンおよび有機汚濁物質負荷低減に向けた，バイオ・エコエンジニアリング（バイオエコシステム）の導入が当然のこと必要である．これらを基にアオコ濃度を踏まえた灌漑用水マニュアルを創ることで安全な水利用が図れるものと期待される．なお，灌漑用水利用に関する有毒アオコ対策と課題は以下に列記するとおりである．

1）有毒アオコ発生要因となる窒素，リン除去の高度処理，直接浄化による灌漑取水源の富栄養化対策として，バイオエコシステムの導入による水質浄化を図る必要がある．

2）農業排水等面源排出水の栄養塩類対策に向けた環境負荷低減による施肥技術の開発として，栽培技術の適正化開発を行う必要がある．肥料の過剰施肥によって栄養塩類が土壌から溶出，地下水への浸透や水田の中干し時期における湛水由来の余剰栄養塩類等の河川，湖沼等へ容易な流入を防止するため，農地における窒素，リン等環境負荷低減に向けた環境保全型農業を推進していく必要がある．

3) 灌漑水域取水源の有毒アオコ発生抑制として，曝気・循環法による閉鎖性水域の環境改善対策を行う必要がある．具体的には，曝気揚水筒等の設置によって，有毒藍藻類を溶藻する *Lysobactor* 属，*Myxococcus* 属，*Cytophaga* 属，*Flexibactor* 属等の細菌活性化により藍藻類の異常増殖の抑制につながり，*Sphingomonas* 属等ミクロキスチン分解細菌の活性化によって有毒藻類産生ミクロキスチンの消失[52]を図る．これら水圏微生物に必要な酸素要求量の最適条件確立化に向けた開発整備を進める必要がある．

4) 農地への有毒アオコの流入対策として，水生植物植栽浄化技法の導入による栄養塩除去とともに，水圏や水生植物根圏の微生物による藍藻類捕食およびアオコ産生有毒物質の分解に関するシステム技術開発整備を行う必要がある[50]．原生動物の *Monas* 属や後生動物の *Aeolosoma* 属，*Philodina* 属等のアオコ捕食微生物やミクロキスチン分解細菌等微小動物

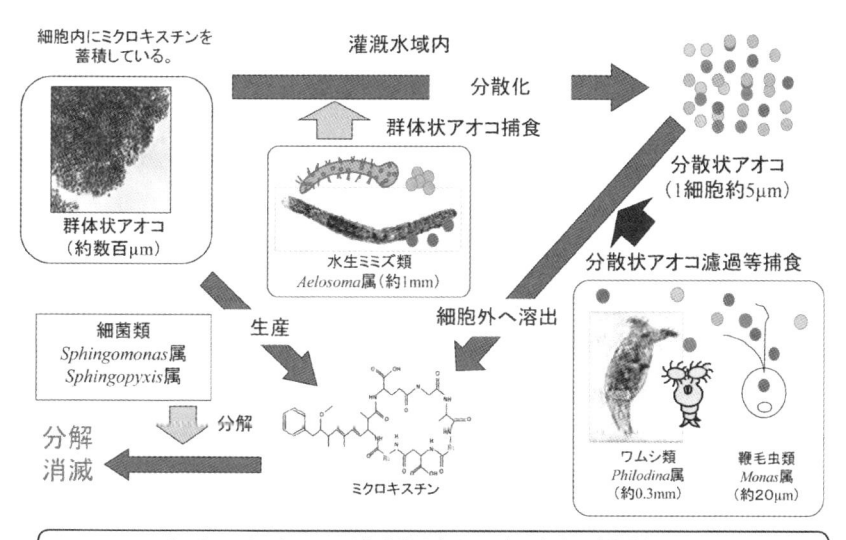

図19　アオコ産生毒ミクロキスチンの環境挙動
稲森ら　有害・有毒ブルームの予防と駆除　2002改変[52]

等の生物膜を用いて，灌漑用水の汚濁防止に努め，灌漑用水の適正利用を図る浄化システムを構築する必要がある（図 19）．

5）*Microcystis* 属は主に細胞内にミクロキスチンを蓄積していることからも，閉鎖性水域から取水する農業用水中のミクロキスチンを軽減する上でまずアオコの藻体除去が効果的であるといえる．その上で農作物のミクロキスチン付着によるリスクの軽減に向けた方策として，有毒藍藻類の発生する水域から灌漑する場合，従来の散布灌漑手法から浸透灌漑手法の転換を必要に応じて図る必要がある．

7．総括・課題・展望

有毒藍藻類生成ミクロキスチンの農作物・動物等への影響を解析すると同時に発生防止における効果的な対策の手法について本書では評価した．その内容は以下のようにまとめられる（図 20）．

1）ミクロキスチンの検出感度等の分析技法の向上化は進んできているが，灌漑用水におけるミクロキスチンの挙動や農地への季節ごとのミクロキスチン負荷量について明らかにされていない．そのことから，灌漑水域の有毒アオコ発生特性解析および藍藻類産生毒の定量解析，*Microcystis* 属産生物質ミクロキスチンなど藍藻類産生毒の定期モニタリングに関するデータを蓄積し，農業用水利用の指標化，アオコ含有農業用水利用による灌漑用水活用対策法の整備と農地の適正水利用システムの開発の確立が重要といえる．

2）有毒アオコ発生地域に生息する魚類・貝類にミクロキスチンが蓄積すること，農作物の根からの蓄積が示唆されている．しかし灌漑流域等で生息，栽培される魚類，農作物のミクロキスチンによる 1 日推定曝露量が耐容 1 日摂食量を下回ったことから，ヒトへのリスクはほとんどないと判断された．しかし，アオコ発生水域の農作物の安全性についての評価手法の確立化を目指す必要がある．そのためには各種農作物等への藍藻類産生物質の蓄積量および灌漑水域への有毒物質負荷量からリスク評価を継続

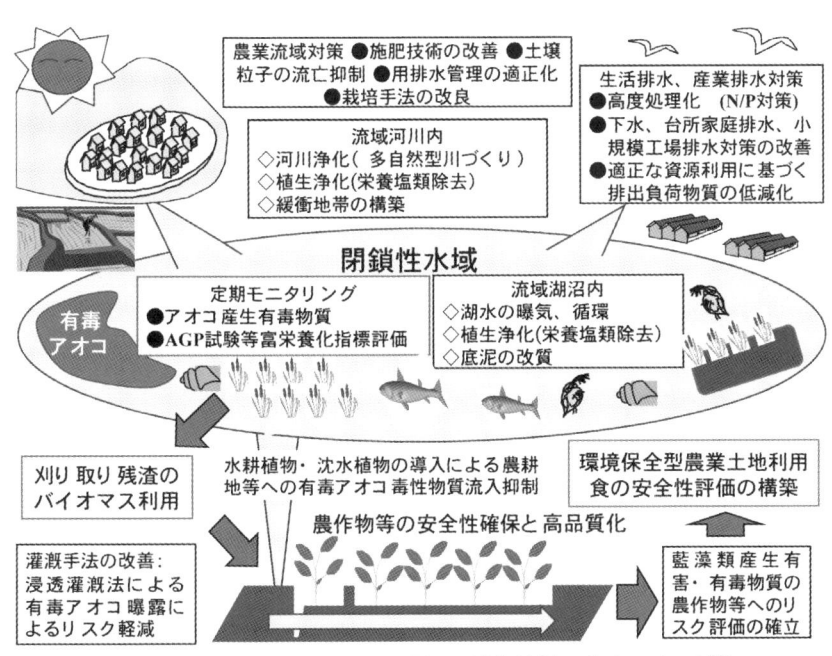

図20　バイオエコシステムを用いた灌漑流域の有毒アオコ対策

　　して行うシステム構築が必要である.

3)　土耕栽培試験によってミクロキスチンが植物体の根や可食部に蓄積して
いることから，環状ペプチド構造しているミクロキスチンが根細胞を透過
し植物体の地上部に移行することが示唆された．このことから，藍藻類産
生毒性物質の生物移行・濃縮係数等データを集積し，ミクロキスチン等環
状構造物質の植物の根や葉面からの取り込みについての学術的な解明によ
る安全性確保のための検証は国際的湖沼の富栄養化によるアオコ異常増殖
が顕在化している点から重要と言える.

4)　葉面散布による植物体のミクロキスチンは高濃度条件で蓄積が確認され
ていることから，灌漑取水源となる水域において，農作物のアオコ産生毒
によるリスクの軽減が必要とされる．その上で灌漑用水を効率よく農作物
へ供給するために，有毒アオコの発生水域の灌漑手法を植物の葉面，可食
部，土壌等への散布灌漑から，土壌への浸透の灌漑手法による水供給の方

法への移行に関する検討と流域特性に応じた整備等が必要といえる.

5）灌漑水域の水利用において，有毒アオコの発生防止するために，灌漑用水の窒素，リンおよび有機汚濁物質負荷低減に向けた流域対策が必要不可欠とされている．バイオエコシステムの導入により，流入負荷の抑制と流域から農地への流出する環境負荷の抑制とともに農業用水利用における水源のアオコ濃度を踏まえた灌漑用水マニュアルを構築することで安全な水利用が図れるものと期待される.

6）有毒アオコ対策としての基本は，アオコの発生を防止することであり，根本的に流域からの窒素・リンなどの藻類の増殖制限因子の削減の強化が，従前から言われていることであるが，さらに徹底することが必要不可欠である.

7）わが国の指定湖沼やいさはや新池をはじめ，湖沼生態系の藻類種の変遷も見られてきており，①継続的なモニタリングに基づくデータの公表，また，②アジア地域の特に中国はじめとする超富栄養湖沼の再生に向けた我が国の湖沼再生対策技術移転の強化，③窒素・リンなどの富栄養化対策の推進で必ず派生する汚泥・植物残渣等の資源化循環強化，④超高温好気発酵微生物による有機堆肥化資源循環技法の効果的な導入強化，⑤有機堆肥化による化学肥料からの脱却を図る環境保全型農業へパラダイムシフト，等が，これからの重要なる環境再生戦略になると言える.

参考文献

1）稲森悠平：環境保全対策と技術，吉野昇編，オーム社，81-128（2010）

2）環境省：平成24年度公共用水域水質測定結果，（2013）

3）稲森悠平：最新環境浄化のための微生物学，70-104（2008）

4）稲森悠平，孔海南，稲森隆平：月刊　食品工場長，12，64-65（2006）

5）渡辺真利代，原田健一，藤木博太：アオコ — その出現と毒素 — ，東京大学出版会55-73（2002）

6）Friedrich Jüttner and Susan B. Watson : Biochemical and Ecological Control of Geosmin and 2-Methylisoborneol in Source Waters, Applied and environmental microbiology, 73(14), 4395–4406 (2007)

7）淺野敏久，李光美，平井幸弘，金科哲，伊藤達也：中国・太湖の富栄養化問題と2007年のアオコ大発生事件（利水障害）後の対応，E-journal GEO, 5(2), 138-153（2011）

8）環境省：平成13年度環境省請負事業 ― 技術協力効率化推進事業「富栄養化技術移転マニュアル」，社団法人海外環境協力センター，13-48（2002）

9）Luděk Bláha, Pavel Babica, and Blahoslav Maršálek:Toxins produced in cyanobacterial water blooms − toxicity and risks, Interdiscip Toxicol. Jun ; 2(2): 36−41(2009).

10）Elise M. Jochimsen, Wayne W. Carmichael, JiSi An, M., Denise, M. Cardo, Susan T. Cookson, Christianne E.M. Holmes, M. Bernade Antunes, Djalma A. de Melo Filho , Tereza M. Lyra, Victorino Spinelli T. Barreto, Sandra M.F.O. Azevedo, and William R. Jarvis: Liver Failure and Death after Exposure to Microcystins at a Hemodialysis Center in Brazil, The New England Journal of Medicine, 338(13), 873-887 (1998)

11）Carmicheal.W.W: A Status Report on Planktonic Cyanobacteria (Blue-Green Algae) and their Toxins,Environmental Protection Agency, 1-4 (1992)

12）Kenneth L. Rinehart, Michio Namikoshi, Byoung W. Choi: Structure and biosynthesis of toxins from blue-green algae (cyanobacteria). Journal of Applied Phycology, 6(2), 159-176 (1994)

13）WHO: Toxic Cyanobacteria in Water: A guide to their public health consequences, monitoring and management : Chapter 4. Human health aspect, 124-160 (1999)

14）Banker R, Carmeli S, Werman M, Teltsch B, Porat R, Sukenik A.: Uracil moiety is required for toxicity of the cyanobacterial hepatotoxin cylindrospermopsin. Journal of Toxicology Environmental Health, 62(4), 281-288 (2001)

15）Bernard Martel.: Chemical Risk Analysis: A Practical Handbook, Butterworth-Heinemann, 361 (2004)

16）WHO: Guidelines for recreational water environments −Volume 1 Coastal and fresh water-Chapter 8 Algae and cyanobacteria in fresh water , World Health Organization. 136-158 (2003)

17）厚生労働省：水道水質基準値と項目　厚生労働省 Website（http://www.mhlw.go.jp/stf/seisakunitsuite/bunya/topics/bukyoku/kenkou/suido/kijun/kijunchi.html）（2014年10月30日現在）

18) National Health and Medical Reserch Council : Australian Drinking Water Guidelines, Austraria (2004)

19) Fawell JK, James CP, James HA: Toxins from blue-green algae: toxicological assessment of microcystin-LR and a method for its determination in water. Medmenham, Marlow, Bucks, Water Research Centre, 1-46 (1994)

20) Nishiwaki-Matsushima R, Ohta T, Nishiwaki S, Suganuma M, Kohyama K, Ishikawa T, Carmichael WW, Fujiki H: Liver tumor promotion by the cyanobacterial cyclic peptide toxin microcystin-LR, Journal of Cancer Research Clinical Oncology, 118(6), 420-424 (1992)

21) OhtaTetsuya, Sueoka Eisaburo, Iida, Naoyuki Komori Atsumasa,Suganuma Masami, Nishiwaki Rie, Tatematsu Masae, Kim Seong-Jin, Carmichael Wayne W, and FujikiHirota: Nodurarin, a potent inhibitor of protein phosphates 1 and 2A, is a new environmental carcinogen in mail F344 rat river, Cancer Research, 54, 6402-6406 (1994)

22) Walker. M and von Dohren. H: Cyanobacterial peptide -nature's own combinatorial biosynthesis, FEMS Microbiology, 30, 530-563 (2006)

23) BotesDawie P., Philippus L. Wessels, Heléne Kruger, Maria T. C. Runnegar, Sitthivet Santikarn, Richard J. Smith, Jennifer C. J. Barna and Dudley H. Williams : Structural studies on cyanoginosins-LR, -YR, -YA, and -YM, peptide toxins from Microcystis aeruginosa, Journal of Chemical Society, Perkin Trans, 1, 2747-2748 (1985)

24) 彼谷邦光：飲料水に忍びよる有毒シアノバクテリア，裳華房（2001）

25) 田中義人：環境管理：富栄養化した湖沼でみられるアオコ問題について，一般財団法人九州環境管理協会, 40, 29-38（2011）

26) Sano.T, Nohara.K, Shiraishi.F and Kaya.K: A Method for Micro-degradation of Total Microcystin Content in Water bloom of Cyanobacteria(Blue-green Algae), International Journal of Environmental Analytical Chemistry, 49, 163-170 (1992)

27) WHO: Guidelines for drinking-water quality, fourth edition 2011

28) 環境省環境管理局水環境部企画課：要調査項目等調査マニュアル（水質，底質，水生生物），（2003）

29) Xingqiang Wu, Chunbo Wang,Bangding Xiao, Yang Wang, Na Zheng and Jingshuang Liu :Optimal strategies for determination of free/extractable and total

microcystin in lake sediment, Analytica China Acta(709) 66-72, (2012)

30）Akira Umehara, Hiroaki Tsutsumi and Tohru Takahashi:Blooming of *Microcystis aeruginosa* in the reservoir of the reclaimed land and discharge of microcystins to Isahaya Bay (Japan), Environ Sci Pollut Res, 19:3257-3267 (2012)

31）梅原亮，諌早湾調整池における有毒アオコ（*Microcystis aeruginosa*）の発生に関わる環境要因およびアオコ毒ミクロシスチンの環境動態，熊本県立大学大学院博士論文．（2014）

32）F. Meier-Abt, A. Hammann-Hänni, B. Stieger, N. Ballatori, J. L. Boyer: The organic anion transport peptide 1d1 (Oatp1d1) mediates hepatocellular uptake of phalloidin and microcystin into skate liver, *Toxicology and applied pharmacology* 218 274-279 (2007)

33）Hong Lu, Suprati Mchoudhuri, Kenichiro Ogura, Iván L. Csanaky, Xiaohong Lei, Xingguo Cheng, Pei-zhen Song, Curtis D. Klaassen: Characterization of organic anion transporting polypeptide 1b2-null mice: essential role in hepatic uptake/toxicity of phalloidin and microcystin-LR, *Toxicological science* 103 35-45 (2008)

34）W. J. Fischer, S. Altheimer, V. Cattori, P. J. Meier, D. R. Dietrich, B. Hagenbuch: Organic anion transporting polypeptides expressed in liver and brain mediate uptake of microcystin, *Toxicology and applied pharmacology* 203 257-263 (2005)

35）P. Zeller, Mclément, V. Fessard: Similar uptake profiles of microcystin-LR and -RR in an in vitro human intestinal model, *Toxicology* 290 7-13 (2011)

36）Papadimitriou T, Kagalou I, Bacopoulos V, Leonardos ID: Accumulation of microcystins in water and fish tissues: an estimation of risks associated with microcystins in most of the Greek Lakes, Environmental Toxicology, 25(4), 418-427 (2010)

37）Dawen Zhang, Xuwei Deng, Ping Xie, Jun Chen and Longgen Guo: Risk assessment of microcystins in silver carp (*Hypophthalmichthys molitrix*) from eight eutrophic lakes in China, Food Chemistry 140 ,17-21 (2013)

38）Mariyo F. Watanabe, Ho-Dong Park, Fumio Kondo, Ken-ichi Harada, Hidetake Hayashi and Tokio Okino: Identification and estimation of microcystins in freshwater mussels, Natural Toxins, 5(1), 31-35 (1997)

39）朴虎東，横山　淳史，沖野外輝夫：諏訪湖におけるアオコ毒素microcystinの動態．陸水学雑誌62(3), 229 － 248 (2001)

40）Smith JL and Haney JF.: Foodweb transfer, accumulation, and depuration of microcystins, a cyanobacterial toxin, in pumpkinseed sunfish (*Lepomis gibbosus*). Toxicon. 48(5), 580-589 (2006)

41) 朴虎東：アオコにより生成する毒素に関する研究．水環境学会誌37(A), 5, 169-174 (2014)

42) Robinson NA, Pace JG, Matson CF, Miura GA, Lawrence WB: Tissue distribution, excretion and hepatic biotransformation of microcystin-LR in mice. Journal of Pharmacology and Experimental Therapeutics, 256(1), 176-182 (1991)

43) Lincoln Taiz, Eduardo Zeiger 編：植物生理学 第3版, 47-64 培風館（2010)

44) 西澤直子：栄養ストレスと植物根の超微細構造に関する研究．日本土壌肥料学雑誌, 63, 263-266（1992）

45) Chanyarat Paungfoo-Lonhienne, Thierry G. A. Lonhienne, Doris Rentsch, Nicole Robinson, Michael Christie, Richard I. Webb, Harshi K. Gamage, Bernard J. Carroll, Peer M. Schenk, Susanne Schmidt: Plants can use protein as nitrogen source without assistance from other organisms, *Proceedings of the National Academy of Science of the United States of America* 105 4524-4529 (2008)

46) Tegeder M and Rentsch D. Uptake and partitioning of amino acids and peptides. Mol. Plant 2010;3:997-1011

47) Mechthild Tegeder, Doris Rentsch: Uptake and partitioning of amino acid and peptides., *Molecular Plant* 3 997-1011 (2010)

48) 久保幹：アミノ酸より分子の大きいペプチドの吸収で根毛がワッとでる「有機肥料が化学肥料と何が違う」の謎に迫る．現代農業．農文協, 10, 288-292 (2006)

49) 神蔵雄生，有毒藍藻類産生Microcystin含有水の灌漑利用における農作物の食の安全性に及ぼすリスク評価．福島大学大学院博士論文（2014）

50) 公益財団法人日本下水道協会：下水試験方法 下巻2012年版 2012

51) 鈴木光剛：畑作物の水質環境 食の安全とおいしさを求めて．社団法人畑地農業振興会（2003）

52) 稲森悠平，斉藤猛，稲森隆平，水落元之：有毒アオコのバイオ・エコエンジニアリングを活用した対策技術．水産学シリーズ134有害・有毒ブルームの予防と駆除，広石伸互・今井一郎・石丸隆編，恒星社厚生閣, 102-120（2002）

附 則
◆
応用細胞食材科学
—— シンポジウムからの提言 ——

　はじめに

　日本応用細胞生物学会では，食材の細胞科学関連の応用に関して，シンポジウム（第6回大会）を開催した．その中で食材細胞産業の設立が提案され，『応用細胞資源利用学 第1巻』を発行してその普及につとめた．その後，3回のシンポジウムを開催し，産業，研究に関しての理解を深めた．

　ここでは，そのプログラム（図1）と講演内容（要旨を中心）を紹介するが，本誌に原稿を頂いた方の研究内容は省いた．講演内容は，高齢者，介護食の開発，単細胞化食品，動植物の成分利用（未利用食材の利用），単細胞増殖能利用，植物利用による活性物質の生産など多種にわたった．これらの研究の現状から応用細胞食材科学を展望した．

日本応用細胞生物学会　第6回大会

1)「植物の単細胞化：単細胞の生産法と利用」（13：10）
　　　坂井拓夫氏（IGA バイオリサーチ，大阪府立大学名誉教授）
2)「酵素による植物の加工と食品化の展望—果実加工を中心として—」（13：40）
　　　尾崎嘉彦氏（農業，食品産業技術総合研究機構果樹研究所）
3)「新規機能を付与したクロレラの開発」（14：10）
　　　林　雅弘氏（宮崎大学農学部生物環境学科準教授）
4)「光合成真核微生物・ユーグレナは地球の食糧危機を支え得るか」（14：40）
　　　中野長久氏（大阪府立大名誉，客員教授，甲子園大学教授）
　　　　　コーヒーブレイク（13：10 〜 15：20）
5)「アマノリ類の単細胞化と利用」（15：20）
　　　荒木利芳氏（三重大学生物資源学部教授）
6)「海藻発酵素材：その単細胞化による産業的利用」（15：50）
　　　内田基晴氏（水産総合研究センター，瀬戸内海区水産研究所）

図1　シンポジウムプログラム

食材細胞産業推進シンポジウム― 2013，東京―
1)「酵素処理による食品残渣の有効利用」(13：10) 　　　水野正浩氏（信州大学工学部物質工学科）
2)「単細胞化加工食品技術と CCC 事業について」(13：50) 　　　寺坂一郎氏（一般社団法人 CSV Challenged Club）
3)「ミドリムシが地球を救う！」(14：30) 　　　出雲　充氏（㈱ユーグレナ）
4)「畜産副産物由来の機能性食品素材の開発」(15：35) 　　　佐藤三佳子氏（日本ハム㈱中央研究所）
5)「東日本大震災復興を目指したサメの有効利用」(16：15) 　　　野村義宏氏（東京農工大学農学部）
日本応用細胞生物学会　第 10 回大会
1)「食品素材利用のための植物細胞を知る」(13：10) 　　　笹井尚哉氏（大阪府立大学大学院，生命環境科学研究科，応用生命科学）
2)「食材の凍結含浸法による利用―概況と現状―」(13：50) 　　　坂本宏司氏（広島県立総合技術研究所，食品工業技術センター）
3)「凍結含浸法のメカニズムの解明と動物性食材利用の新展開」(14：30) 　　　柴田賢哉氏（広島県立総合技術研究所，食品工業技術センター，凍結含浸本格普及プロジェクトチーム）
4)「まるごとエキスによる食品生産の実情」(15：25) 　　　森川篤史氏（㈱東洋高圧企画管理部）
5)「マスト細胞の科学と食品科学への応用」(15：55 ～ 16：35) 　　　実宝智子氏（千里金襴大学生活科学部食物栄養学科）
日本応用細胞生物学会　第 11 回大会
1)「食品系未利用バイオマスの有効利用」(13：10) 　　　阪本龍司氏（大阪府立大学大学院生命環境科学研究科）
2)「氷結晶制御物質（不凍タンパク質）の機能とその利用」(13：50) 　　　河原秀久氏（関西大学化学生命工学部）
3)「魚肉の軟化現象―食材の組織構造を中心として」(14：30) 　　　安藤正史氏（近畿大学農学部水産学科）
4)「植物機能の高度利用」(15：10) 　　　横田明穂氏（奈良先端科学技術大学院大学バイオサイエンス研究科）

図 1　シンポジウムプログラム（つづき）

1. シンポジウムにみる研究の現状

(1) 高齢者，介護食食品開発講演内容

1）凍結含浸法による動物性食材の利用（柴田賢哉氏：日本応用細胞生物学会第 10 回大会）

　広島県食品技術センターでは，高齢者，介護食の開発のための含浸凍結法を考案した．柴田氏は，動物性素材に関して講演した．

　その製造法は，概略以下のようである．

　①素材を凍結乾燥，解凍する

　②酵素液を素材表面に塗布する．

　③減圧処理する．素材を膨張させて，酵素を均一に含浸する．

　④真空パックして酵素反応を行う．

　⑤加熱して酵素反応を抑える．

　使用する酵素，その組み合わせが，軟化度，味に影響を及ぼすという．この技術は，牛肉，豚肉，鶏肉などの肉類，タラ，サケ，イカ，エビ，タコ，カキ，ホタテなどにも適応できるという．この技術は，介護食のみならず，食肉の軟化，おいしく加工する技術ともなるという．

注：安藤正史氏は動物食材（イカ）に関して，冷蔵保管中の組織構造の変化に伴う軟化現象を紹介した（日本応用細胞生物学会第 11 回大会）．

2）「まるごとエキスによる食品生産の実情」（森川篤史氏　日本応用細胞生物学会第 10 回大会）

　森川氏によると「まるごとエキス」は，機械の名称で，圧力を利用して食材を丸ごとエキス化する機械の名称で，大量生産できる製品が開発されたという．

　その活用事例を減塩醤油の開発（圧力酵素分解法）に関して示すと，

　①蒸した大豆，煎り小麦を原料

　②酵素と水を加える

③酵素の至適温度，100 MPa の圧力　1 〜 2 昼夜静置

④醤油用エキスができる

短時間，無塩醤油，アミノ酸が豊富な製品になるという．

高圧処理で発酵期間を短くすることは，赤ワインの製造においても可能であり，熟成効果を短時間で得られるという．

その他の特徴は：動物性タンパクを長時間かけて酵素処理すると腐敗直前までの分解となりその匂いなどは，激しく，最後まで分解が進まない可能性が残る．この際，この機械の使用で新鮮なエキスが得られる．これまでの事例では，胎盤からのプラセンタエキスの製造，スッポンのサプリメント製造などに試みられている．しかし，高圧加工という特殊性からか，実用化は，限られており，その普及には，さらに改良も必要という（まるごとエキスラインアップ）．

普及に関して，坂本宏司氏（本誌に執筆）は，真空包装機を利用した少量生産可能な凍結含浸技術を開発し，病院，介護施設内での調理，一般食品への応用を展開している．

(2) 単細胞調製関連講演

1）「植物の単細胞化：単細胞の生産法と利用」（坂井拓夫氏，日本応用細胞生物学会第 6 回大会）

植物食材による単細胞化は，すでに確立しているという．植物食材による単細胞化，単細胞としての利用の特徴などは，『応用細胞資源利用学 第 1 巻』第 1 章で詳細に記述している．典型とする単細胞（CUP：Cell Unit Plant）生産法は，図 2 のようである．

青果物 1 kg から約 20 g の乾燥 CUP が得られるという．

2）「アマノリ類の単細胞化と利用」（荒木利芳氏　日本応用細胞生物学会第 6 回大会）

低品質海苔が，毎年大量に廃棄されるという．この海苔の新たな利用法の開発を報告した．アマノリの細胞壁を分解する酵素を検索し，これを用いてプロ

青果物 1 kg（例：桑葉，小松菜）
　　　│ 3 〜 5 mm に切断
水洗い
　　　│ 水道水 990 ml に浸漬
　　　│ PPase IGA を 130,000 IU 添加
45℃，3 時間撹拌下
　　　│
18 メッシュフィルター濾過
　　　│
遠心分離
　　　│ 沈殿のみを回収
フリーズドライ（または，スプレードライ）
　　　│
乾燥 CUP（約 20 g）

図2　代表的な CUP の製造方法
（『応用細胞資源利用学　第 1 巻』P.5 より引用）

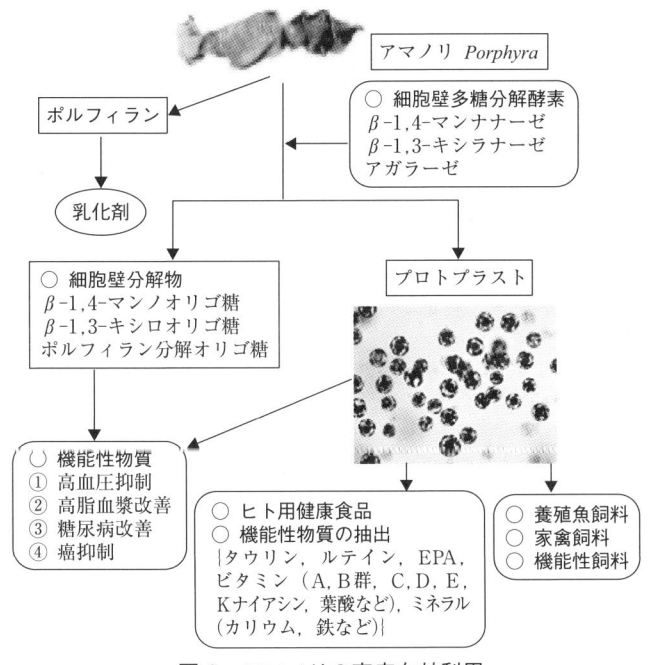

図3　アマノリの高度有効利用
（『応用細胞資源利用学　第 1 巻』P.26 より引用）

トプラストを単離する技術を確立した．また，本技術でスフェロプラストを大量に製造する方法を確立し，スフェロプラストの利用，応用を検討した（図3）．

3）「海藻発酵素材：その単細胞化による産業的利用」（内田基晴氏，日本応用細胞生物学会第6回大会）

水産バイオマス（主に海藻バイオマス）の有効利用は，期待が大きいという．この中で，海藻を単細胞化して発酵食品にすることが検討された．

ワカメ，アオサの単細胞化は，セルラーゼなどの比較的安価な酵素，少量を用いて作製できるという．それゆえ，食品，水産，畜産飼料，化粧品など多種の乳酸発酵産物を大量に製造できるという（図4）．

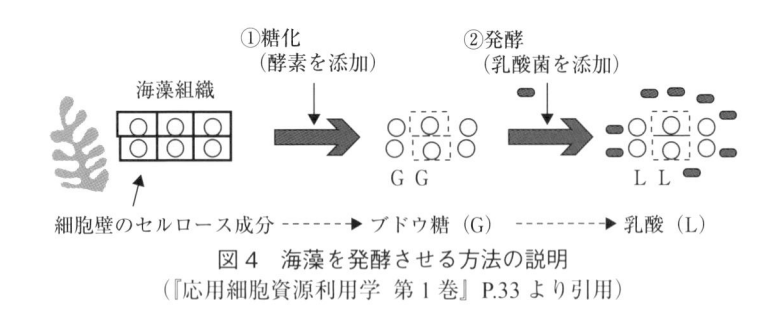

図4　海藻を発酵させる方法の説明
（『応用細胞資源利用学　第1巻』P.33より引用）

4）単細胞化加工食品技術について（寺坂一郎氏　食材細胞産業推進シンポジウム―2013，東京―）

豆，穀物，海藻類，コン野菜，刃物，果物など多くの食材がジュース系，ビューレ・レトルト系，プリン，羊羹関係，ゼリー系，ふりかけ系，錠剤系に加工されるという．その一例をニンジンを用いて，従来のジュース，単細胞化ジュースを比較して紹介している．従来のジュースの製法は，切り刻むため，酸化が始まり，搾りかすを廃棄，それゆえ，栄養分が非効率的，ざらつき感と味が問題になるという．

単細胞化によるジュース製法では，栄養素は細胞膜で守られ，素材をまるごと利用でき，サラサラで飲み口はよく，素材本来の味を感じるジュースになる

という．また，廃棄物も出ないという．

(3) 細胞増殖能，成分，機能，バイオマス利用関連講演

1）「ミドリムシが地球を救う！」（出雲　充氏　食材細胞産業推進シンポジウム —— 2013, 東京 ——）

　ミドリムシの概論は，すでに中野氏が，講演し，『応用細胞資源利用学 第1巻』第5章で，執筆している．出雲氏は，ミドリムシに取り組んだ動機，食材としての利用などに関して講演した．日本では，現在，食糧問題は，安定しているが，地球上では，必要最小限の食事もままならない国がたくさんあり，その生産システムから派生する環境問題を含め，食糧問題は，生活に影響を及ぼす問題としてとらえている．ミドリムシは，水と光があれば生育するという．出雲氏は，ミドリムシの大量培養法を確立し，その施設を沖縄（石垣島）に建設した．その生産に至る過程，商品開発，今後のユーグレナ利用（ジェット燃料など）を紹介した．

2）「畜産副産物由来の機能性食品素材の開発」（佐藤三佳子氏　食材細胞産業推進シンポジウム —— 2013, 東京 ——）

　畜産副産物とは，生体から枝肉を生産した残りで，ホルモンなどの可食部と骨，非食用脂肪などの不可食部に分けられるという．不可食部は，熱処理加工により食用油脂，肥料などに利用されるという．畜産副産物の三次機能を見出し機能性食品素材を開発しているという．コラーゲン，エラスチン，プラセンタを紹介した．副産物（未利用資源）を細胞化してその成分を利用する方法等は今後の課題である．

注：野村義彦氏は，水産副産物の例として，サメの有効利用を紹介した（食材細胞産業推進シンポジウム —— 2013, 東京 ——）．

3）「植物機能の高度利用」（横田明穂氏，日本応用細胞生物学会　第 11 回大
　会）

　植物の葉を用いて葉緑体の蛋白生産機能（酵素）を遺伝子組み換えし，有用
タンパク質を生産することが検討されている．横田氏らは，レタス葉緑体を生
産工場としてヒトチオレドキシン –1 の生産技術を開発し，その経過，今後の
実用化へ向けた抱負などを紹介した．

　大腸菌の遺伝子組み換え技法に替わる生産的に安価でより安全な方法として
植物体の利用が注視されている．

4）「食品系未利用バイオマスの有効利用」（阪本龍司氏　日本応用細胞生物学
　会第 11 回大会）

　未利用資源の利用に関しては，宮武和孝氏が，『応用細胞資源利用学 第 1
巻』附則で述べている．食品廃棄物に限ると，その発生量は，年間約 2100 万
トン（平成 22 年度）に達するという．その約 8 割が食品製造業関連で，再生
利用率は，肥料，飼料などへ 94％と高い再生利用率という．さらに有効利用
を図るために，バイオマス中に豊富に存在する糖質，植物二次代謝産物をより
付加価値の高い物質として生産することが期待されるという．その一端が，紹
介された．

付記

　筆力不足で説明が至らない点，事情で詳細な記述ができない点もあります．
詳細をお知りになりたい方，各講演要旨集が小数部有ります（プログラムは，
図 1 に掲載）ので下記，日本応用細胞生物学会事務局宛て申し込みください．

　〒 170-0002　東京都豊島区巣鴨 1-24-1　第 2 ユニオンビル 4F

　日本応用細胞生物学会事務局

　TEL：03-5981-9824　メール：g023jaacb-staff@ml.gakkai.ne.jp

　第 6 回大会（講演要旨集），第 10 回大会（講演要旨集），第 11 回大会（講
演要旨集），食材細胞産業シンポジウム —2013，東京 —（講演要旨集），

『応用細胞資源利用学　第 1 巻』（大学教育出版，2012）に関しては書店に問い合わせください．

2．シンポジウムからの展望

(1) 概　要

　応用細胞食材科学は，食材を生物（細胞）ととらえて研究する科学である．

　食材はすべて生物に由来している．その生物は，細胞から成り立ち，1 個の細胞からなる単細胞生物と複数の細胞からなる多細胞生物に分類される．応用細胞食材科学では，食材は，単細胞食材，多細胞食材として扱われる．主な食材は，多細胞食材であり，これらの食材は，細胞の集合体である．

　私たちは，細胞集合体をいろいろな形で食している．多細胞生物は，細胞…組織…器官…個体から成り立つが，食材として利用する過程は，個体…器官…組織…細胞と食材をバラバラにし，それを再構成（調理）しながら食している．

　植物食材は，茎，葉，根，花，果実などから構成され，動物食材は，主に，上皮組織，筋肉組織，神経組織，結合組織からなる．動物食材は，主に筋肉組織が食されるが，植物食材では，食材により食する器官を異にする．食されない組織の多くは，未利用，廃棄物として処理される．

　単細胞食材は，種実類，魚卵，卵，穀物，豆類を含む．食材から単離された細胞も含まれる．特に，応用細胞食材科学では，増殖能に関わる単細胞食材が，主たる対象となる．植物食材から単離した細胞は，培養可能でカルスを形成するという（『応用細胞資源利用学　第 1 巻』P.4）．これらは，主たる対象となる．

　一方，明らかに増殖能を持つ単細胞生物，ユーグレナ，クロレラなどの藻類，有用微生物（酵母，乳酸菌など）などが単細胞食材に含まれ，主たる研究対象となる．

(2) 食品（食材）の細胞科学的分類

　食材（食品）を科学的観点から知る一つとして，食材（食品）を細胞科学的に分類することを提案する．食品の分類は，基礎データ（栄養学的とか）により，多くの分類法がある．細胞科学的な分類の基本は，単純に，2点，食材（食品）中の遊離細胞（組織隔離細胞），生細胞の割合としたい．

　例えば，食材中の細胞（遊離，組織隔離）の割合（%）は，その処理により

　100 ⋯⋯⋯⋯⋯⋯⋯⋯⋯⋯⋯⋯ 50 ⋯⋯⋯⋯⋯⋯⋯⋯⋯⋯⋯⋯⋯ 0
単離した細胞　　　　　　単細胞＋組織片（ホモゲナイズ材料）　（未処理）多細胞食材

となる．

　とりあえずは，細胞単離が確立している食材，それを用いた食品（次項に記載），加工により単離細胞が観察される食材（練り製品，粉末食品など），健康食品（酵母，乳酸菌，藻類）などには，適応できると考えられる．

(3) 細胞科学的分類の利用例

　食材の細胞科学的分類は，食材の活用において幅広く利用されることが期待される．ただ，現状では，細胞単離法が確立している食材が適応される．単細胞を含むジュース，飲料水，スイーツなどの単細胞化食品（単離した植物の葉の細胞，桑，アシタバの葉，根菜の細胞などの飲料水，ジュース類，果物の皮の細胞を利用したスイーツなど）が市販されている．

　単細胞の食品開発担当者によると，今後，多種の細胞化（果物，野菜など）食材によるジュースの開発（商品化）が，期待されているという．単細胞化ジュースは，美味で健康的にも効果が期待されるという．ここで，品質の問題として，ジュースに含まれる単細胞の割合（状態）が重視される．単離した細胞を100%含む商品は，材料をホモゲナイズで調製した商品と比べると，その原価の違いは，明らかであり，販売価格に反映される．

　今後，単細胞化関連商品には，せめて，細胞の割合（生細胞）を検査し，商品に明示することが，重要であろう（実施に際しては，専門機関に依頼し，表示は例えば，賞味期限内：細胞数/ml（生細胞数/ml）などとする）．

食材の細胞科学的分類は，商品の効果をより科学的に示すことになると考えられる．

(4) 科学の側面

応用細胞食材科学の進展は，現代の食（広くは社会）が抱える諸問題，高齢化時代の食，食材廃棄量の軽減，再利用，食品備蓄，新食品の開発，多忙な社会に対応する食事の解決などを産業基盤とする食材細胞産業へ貢献することが，期待できる．

新食産業の誕生は，従来の産業では賄いきれない，時代の要請に負う部門が多い．もちろん，だれでも，生涯，農業（自然）から得た食材を自由に食することが願いである．しかし，現代の農業生産を阻止する様々な想定外の要因が派生してきている．

年々，厳しくなる異常気象（温暖化現象），自然災害（水害，台風など）に加え，東日本大震災にみるように津波による塩害，原子力発電事故による放射能拡散被害，家畜伝染病による度重なる家畜家禽の損失，食材の捕獲制限問題など目標とする食材を従来の農業で得るにはますます厳しい環境となることが予想される．これに対応して食材を確保する対策が行政的，科学的に検討されている．植物工場による生産，家畜の閉鎖的飼育，養殖による生産など，自然とは，かけ離れた環境での生産が余儀なくされている．応用細胞食材科学，食材細胞産業を興したいという意図は，将来，食材生産危機が予測される中で必然的に生まれたといえよう．部分的な研究によると，単細胞化した食材は，相当な期間，生の状態で備蓄が可能だという．将来的には，植物食材，動物食材を単細胞化して備蓄することにより，食糧危機に対応できることが期待される．

一方，このような方法で生産された食材（食品）は，品質の面（栄養，食感など含む味全般等），生産工程上での衛生的側面，安全性，価格面など，新たな問題も生じてくる．応用細胞食材科学は，予想される負の分野の改善も視野に入れて発展させることが肝要である．

おわりに

　日本応用細胞生物学会は，新しい科学，新しい産業（細胞関連）を創出することを活動の目的の一つとしている．第6回大会で食材細胞産業が提案された．それを後押しする科学の誕生が模索されてきた．ここで提案された応用細胞食材科学は，応用細胞資源利用学の各論として位置づけられる．

　本稿は，シンポジウム講演内容から，応用細胞食材科学は，どのような概要になるかを展望したものであり，関連性を持つ多くの分野を取り込み発展させることが望まれる．

　一方，応用細胞食材科学の講義に際しては，細胞を食品という視野からとらえ，従来の細胞学をアレンジして教示していくことが望まれる．応用細胞食材科学は，食品，細胞関連に関心を持つ大学関連教育者（講義担当者）が，本稿（本書）の意思を多少なりとも組んで頂き，独自の位置づけ，独自の内容に編集し，発展させて頂くことを望んでいる．開講される方が，お一人でも誕生しましたら，本書を出版した意義（学会活動の成果として）もあるところである．

執筆者紹介

（執筆順）

西海　理之（にしうみ　ただゆき）

　現　　職：新潟大学教員研究院自然科学系准教授（大学院自然科学研究科主担当，農学部
　　　　　　担当）
　最終学歴：北海道大学大学院農学研究科畜産学専攻（博士課程）
　学　　位：農学博士
　主　　著：

1. Ohara, E., Kawamura, M., Ogino, M., Hoshino, E., Kobayashi, A., Hoshino, J., Yamazaki, A. and Nishiumi, T., Application of high-pressure treatment to enhancement of functional components in agricultural products and development of sterilized foods. In: "High Pressure Bioscience" (eds. K. Akasaka and H. Matsuki), Springer, Chapter 26, 567-589 (2015).
2. 「筋肉・食肉への高圧力の影響」『進化する食品高圧加工技術 ― 基礎から最新の応用事例まで ― 』（重松亨，西海理之 監修），エヌ・ティー・エス，pp.111-118 （2013）.
3. Ohnuma, S., Kim, Y.-J., Suzuki, A. and Nishiumi, T., Combined effects of high pressure and sodium hydrogen carbonate treatment on beef: improvement of texture and color. High Pressure Research, 33, 342-347 (2013).

　担当章：第 1 章

坂本　宏司（さかもと　こうじ）

　現　　職：広島国際大学医療栄養学部教授
　最終学歴：神戸大学農学部農芸化学科
　学　　位：博士（農学）（九州大学）
　主　　著：

1. 「凍結含浸法による高齢者・介護用食品製造技術」『高齢者用食品の開発と展望』大越ひろ，渡邊　昌，白澤卓二監修，シーエムシー出版，pp. 152-158 （2012）
2. 「凍結含浸法による食材の軟化」『食品酵素化学の最新技術と応用 II』井上國世監修，シーエムシー出版，pp. 242-251 （2011）
3. Decreased Hardness of Dietary Fiber-rich Foods by the Enzyme-infusion Method, K. Sakamoto, K. Shibata and M. Ishihara, Biosci. Biotechnol. Biochem., 70 (7), 1564-1570 (2006).

　担当章：第 2 章

水野　正浩（みずの　まさひろ）

　現　　職：信州大学 学術研究院 助教（工学系）
　　　　　　信州大学先鋭領域融合研究群 国際ファイバー工学研究所

　　　　バイオ・メディカルファイバー研究部門（兼務）
最終学歴：東京農工大学大学院連合農学研究科生物工学専攻
学　位：博士（農学）
主　著：
　1.「第 27 章　再生セルロースの酵素分解」『バイオマス分解酵素研究の最前線 ― セ
　　ルラーゼ・ヘミセルラーゼを中心として ―』シーエムシー出版，pp.259-264，分
　　担執筆（2013 年 3 月）
　2. Masahiro Mizuno, Shuji Kachi, Eiji Togawa, Noriko Hayashi, Kouichi Nozaki,
　　Toshiyuki Itoh, Yoshihiko Amano: Structure of regenerated cellulose treated with
　　ionic liquids and comparison of their enzymatic digestibility by purified cellulase
　　components. *Australian Journal of Chemistry*, 65, 1491-1496 (2012).
　3. Masahiro Mizuno, Takashi Tonozuka, Saori Suzuki, Rie Uotsu-Tomita, Shigehiro
　　Kamitori, Atsushi Nishikawa, Yoshiyuki Sakano: Structural insights into substrate
　　specificity and function of glucodextranase. *The Journal of Biological Chemistry*, 279,
　　10575-10583 (2004).
　担当章：第 3 章

河原　秀久（かわはら　ひでひさ）

　現　職：関西大学化学生命工学部教授
　最終学歴：岡山大学大学院自然科学研究科生物資源学専攻
　学　位：学術博士
　主　著：
　1. Hidehisa Kawahara: "Characterizations of Functions of Biological Materials Having
　　Controlling-Ability Against Ice Crystal Growth", 119-144, Ferreira ed., Advanced
　　Topics on CRYSTAL GROWTH, INTEC press, 2013.2.
　2.「植物由来不凍タンパク質の分布とその機能 ― カイワレ大根抽出物の加工食品へ
　　の利用 ―」『月刊フードケミカル 332 巻』pp.79-86（2012）
　3. H. Kawahara, A. Fujii, M. Inoue, S. Kitao, J. Fukuoka, H. Obata : Antifreeze activity
　　of cold acclimated Japanese radish and purification of antifreeze peptide., *Cryo. Letters*,
　　30(2), 119-131 (2009).
　担当章：第 4 章

中村　友幸（なかむら　ともゆき）

　現　職：NPO 法人 応用きのこ総合研究所　理事長兼所長
　最終学歴：山梨大学 大学院 工学研究科 博士後期課程修了
　学　位：博士（工学）
　主　著：
　1.「素材編：メシマコブ・アガリクス・カバノアナタケ」（分筆担当）『きのこの生理
　　活性と機能』河岸洋和 編，シーエムシー出版（2005）
　2.「総説　担子菌きのこ培養菌糸体の機能性における研究体系」日本きのこ学会誌，
　　17(4)，pp.137-144 (2009)

3. Takahashi. S, Tamai. S, Nakajima. S, Kato. H, Johno. H, Nakamura. T and M Kitamura., Blockade of adipocyte differentiation by cordycepin. *Br. J. Pham.* 167: 561-575 (2012)

担当章：第 5 章

実宝　智子（じっぽう　ともこ）

現　　職：千里金蘭大学生活科学部食物栄養学科教授
最終学歴：大阪大学大学院医学研究科病理系専攻（博士課程）修了
学　位：博士（医学）（大阪大学）
主　著：

1. H. Sato, Y. Kobayashi, A. Hattori, T. Suzuki, M. Shigekawa and T. Jippo, Inhibitory effects of water-soluble low-molecular-weight β-(1, 3-1, 6) D-glucan isolated from *Aureobasidium pullulans* 1A1 strain black yeast on mast cell degranulation and passive cutaneous anaphylaxis, Biosci. Biotechnol. Biochem., 76, 84-88, (2012)

2. T. Jippo, Y. Kobayashi, H. Sato, A. Hattori, H. Takeuchi, K. Sugimoto and M. Shigekawa, Inhibitory effects of guarana seed extract on passive cutaneous anaphylaxis and mast cell degranulation, Biosci. Biotechnol. Biochem., 3, 2110-2112, (2009)

3. T. Jippo, E. Morii, A. Ito and Y. Kitamura, Effect of anatomical distribution of mast cells on their defense function against bacterial infections: demonstration using partially mast cell-deficient tg/tg mice, J. Exp. Med., 197, 1417-1425, (2003)

担当章：第 6 章

小林　優子（こばやし　ゆうこ）

現　　職：千里金蘭大学生活科学部食物栄養学科助教
最終学歴：大阪大学大学院理学研究科生物科学専攻（博士後期課程）修了
学　位：博士（理学）（大阪大学）
主　著：

1. H. Sato, Y. Kobayashi, A. Hattori, T. Suzuki, M. Shigekawa and T. Jippo, Inhibitory effects of water-soluble low-molecular-weight β-(1, 3-1, 6) D-glucan isolated from *Aureobasidium pullulans* 1A1 strain black yeast on mast cell degranulation and passive cutaneous anaphylaxis, Biosci. Biotechnol. Biochem., 76, 84-88, (2012)

2. T. Jippo, Y. Kobayashi, H. Sato, A. Hattori, H. Takeuchi, K. Sugimoto and M. Shigekawa, Inhibitory effects of guarana seed extract on passive cutaneous anaphylaxis and mast cell degranulation, Biosci. Biotechnol. Biochem., 3, 2110-2112, (2009)

3. Y. Kobayashi, Y. Katanosaka, Y. Iwata, M. Matsuoka, M. Shigekawa and S. Wakabayashi, Identification and characterization of GSRP-56, a novel Golgi-localized spectrin repeat-containing protein, Exp. Cell Res., 312, 3152-3164, (2006)

担当章：第 6 章

佐藤　晴美（さとう　はるみ）

現　職：千里金蘭大学生活科学部食物栄養学科助教

最終学歴：大阪教育大学大学院教育学研究科健康科学専攻（修士課程）修了

学　位：修士（学術）（大阪教育大学）

主　著：

1. H. Sato, Y. Kobayashi, A. Hattori, T. Suzuki, M. Shigekawa and T. Jippo, Inhibitory effects of water-soluble low-molecular-weight β-(1, 3-1, 6) D-glucan isolated from *Aureobasidium pullulans* 1A1 strain black yeast on mast cell degranulation and passive cutaneous anaphylaxis, Biosci. Biotechnol. Biochem., 76, 84-88, (2012)

担当章：第6章

稲森　隆平（いなもり　りゅうへい）

現　職：公益財団法人国際科学振興財団バイオエコ技術開発研究所副所長兼主任研究員

最終学歴：筑波大学大学院生命環境科学研究科

学　位：博士（学術）（筑波大学）

主　著：

1. Ryuhei I., Yanhua W., Tomoko Y., Jixiang Z., Hainan K., Kaiqin Xu, Yuhei I., Seasonal effect on N₂O formation in nitrification in constructed wetlands. Chemosphere 73(7), 1071-1077. (2008)

2. Ryuhei I., P. Gui, P. Dass, Matsumura M., K.-Q. Xu, Kondo T., Y. Ebie, Yuhei I., Investigating CH₄ and N₂O emissions from eco-engineering wastewater treatment processes using constructed wetland microcosms, Process Biochemistry, 42(3), 363-373. (2007)

3. Ryuhei I., Ping G., Yasutoshi S., Kaiqin Xu, Kenji K., Yuhei I., Effect of Constructed Wetland Structure on Wastewater Treatment and Its Evaluation by Algal Growth Potential Test. J. J. Water Treatment Biology, 41(4), 159-170. (2005)

担当章：第7章

神蔵　雄生（かんぞう　ゆうき）

現　職：公益財団法人国際科学振興財団バイオエコ技術開発研究所専任研究員

最終学歴：福島大学大学院共生システム理工学研究科

学　位：博士（理工学）（福島大学）

主　著：

1. Yuki Kanzo, Kakeru Ruike, Ryuhei Inamori, Rie Suzuki, Kai qin Xu, Yuhei Inamori., Analysis of absorption and accumulation of blue-green algae toxin Microcystin in the Komatsuna cultivation, Journal of Bioindustrial Science, 2(1), 12-16. (2013)

2. 神蔵雄生, 類家翔, 稲森隆平, 鈴木理恵, 徐開欽, 稲森悠平「有毒藍藻類産生毒Microcystin のコマツナ, キャベツ, クウシンサイ土壌栽培における生育影響およ び吸収・蓄積特性評価」日本水処理生物学会誌, 50（1）, pp.15-22.（2014）

担当章：第7章

類家　　翔（るいけ　かける）

現　　職：筑波大学大学院 生命環境科学研究科博士課程
最終学歴：福島大学大学院共生システム理工学研究科
学　　位：修士（理工学）（福島大学）
主　　著：

1. 類家翔，神蔵雄生，稲森隆平，鈴木理恵，徐開欽，稲森悠平「有毒アオコ産生ミクロキスチンの灌漑水域の動植物への影響と保全対策」日本水処理生物学会誌，50: pp.43-51.（2014）

担当章：第7章

稲森　　悠平（いなもり　ゆうへい）

現　　職：公益財団法人 国際科学振興財団 バイオエコ技術開発研究所所長兼主席研究員
最終学歴：鹿児島大学大学院農学研究科
学　　位：博士（理学）（東北大学）
主　　著：

1. Yuhei INAMORI and Naoshi FUJIMOTO: Water Quality and Standards. Encyclopedia of Life Support Systems, Vol.1, 2 (2010)
2. 『最新環境浄化のための微生物学』，稲森悠平監修，講談社サイエンティフィック，東京（2008）
3. 稲森悠平，稲森隆平『応用細胞資源利用学　第1巻』（共著），大学教育出版，岡山.（2012）

担当章：第7章

猪岡　　尚志（いのおか　しょうし）

現　　職：日本応用細胞生物学会（教授）会長，NPO法人日本科学士協会理事長
　　　　　日本応用食材科学研究所代表，（株）佐幸産業（専務）
最終学歴：東北大学大学院農学研究科（博士課程）
学　　位：博士（農学）
主　　著：

1. 『サイトオルガニズム発生説（続）― 人工細胞（自己再生）誕生の軌跡―』大学教育出版（2014）
2. Inooka S., Preparation of Artificial Cells for Yogurt Production APP. CELL BIO., 26 (2013), 13-17
3. Inooka S., Preparation of Artifical Human Placental Cells APP. CELL BIO., 27 (2014), 43-49

担当章：附則

応用細胞資源利用学 第2巻
― 食材の細胞科学・産業的応用 ―

2015 年 12 月 20 日　初版第 1 刷発行

■監 修 者――稲森悠平・猪岡尚志・坂井拓夫
■発 行 者――佐藤　守
■発 行 所――株式会社大学教育出版
　　　　　　〒 700 0953　岡山市南区西市 855-4
　　　　　　電話 (086) 244-1268 ㈹　FAX (086) 246-0294
■印刷製本――サンコー印刷㈱
■Ｄ Ｔ Ｐ――北村雅子

ISBN978-4-86429-349-5